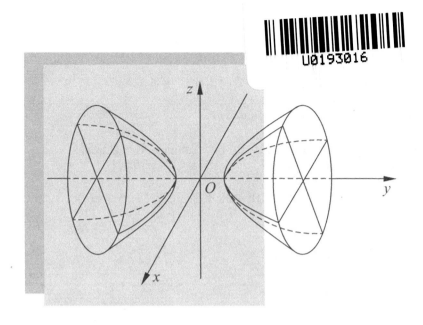

JIEXI JIHE KECHENG YUREN
TANSUO YU SHIJIAN

解析几何课程育人
探索与实践

史雪荣　著

江苏大学出版社
JIANGSU UNIVERSITY PRESS

镇　江

图书在版编目(CIP)数据

解析几何课程育人探索与实践 / 史雪荣著. — 镇江：
江苏大学出版社，2022.11
ISBN 978-7-5684-1896-6

Ⅰ. ①解… Ⅱ. ①史… Ⅲ. ①解析几何－教学研究－
高等学校 Ⅳ. ①O182

中国版本图书馆 CIP 数据核字(2022)第 231749 号

解析几何课程育人探索与实践

著　　者/史雪荣
责任编辑/吴春娥
出版发行/江苏大学出版社
地　　址/江苏省镇江市京口区学府路 301 号(邮编：212013)
电　　话/0511-84446464(传真)
网　　址/http://press.ujs.edu.cn
排　　版/镇江市江东印刷有限责任公司
印　　刷/江苏凤凰数码印务有限公司
开　　本/890 mm×1 240 mm　1/32
印　　张/4.25
字　　数/118 千字
版　　次/2022 年 11 月第 1 版
印　　次/2022 年 11 月第 1 次印刷
书　　号/ISBN 978-7-5684-1896-6
定　　价/38.00 元

如有印装质量问题请与本社营销部联系(电话：0511-84440882)

前　言

　　育人是做人的工作,主要解决"培养什么样的人""如何培养人"的问题,注重全面育人是我们党和国家的优良传统和保证各项工作顺利进行的有力保障。育人应始终坚持以德立身、以德立学、以德施教,注重并加强对学生的世界观、人生观和价值观的培养,传承和创新中华优秀传统文化,积极引导当代学生树立正确的国家观、民族观、历史观和文化观,从而为社会培养更多德、智、体、美、劳全面发展的人才,为中国特色社会主义事业培养合格的建设者和可靠的接班人。

　　构建全员、全程、全课程的育人格局,把"立德树人"作为教育的根本任务,是当前教育教学改革的主要内容之一。课程育人是将育人元素融入各门课程中,潜移默化地对学生的思想意识、行为举止产生影响,其本质还是一种教育,目的是实现立德树人。课程育人本身意味着教育结构的变化,即实现知识传授、价值塑造和能力培养的多元统一。虽然现实的课程教学中由于各种原因往往将这三者割裂开来,但课程育人从某种意义上来说正是对这三者的重新统一。课程育人首先展现的是一种科学思维,强调用辩证唯物主义和历史唯物主义的思维方式看待事物;其次展现的是一种创新思维,以新思维催生新思路,以新思路谋求新发展,以新发展推动新方法,用新方法解决新问题,实现课程育人的创新发展。

　　解析几何的创立打开了数学研究新局面:解析几何中坐标的引入,将代数与几何有机地结合起来;变数概念的引入,以及微分和积分的发展,促使了近现代数学的产生,推动了数学的进步。解析几何为几何的研究提供了新的方法——解析法,这是解析几何的基本研究方法。苏联著名几何学家波格列洛夫在其编写的《解析几何》一书的前言中指出,解析几何没有严格确定的内容,对它来说,最重要的不是研究对象,而是研究方法。这个方法的实质在于用某种标准的方式使方程(方程组)与几何对象(图形)对应,使图形中蕴含的几何关系在其对应的方程的性质中得到体现。因此,在解析几何教学中,应重点阐明解析几何的基本研究方法,使学生掌握解析几何的一般研究方法,避免死记具体结论。解析几何把代数与几何结合起来,将代数中的不定方程与几何中的曲线联系起来,将代数方法引入几何问题的研究中,这在方法论上是一个了不起的创新。解析几何提供了科学研究迫切需要的数量工具,将变量思想引入数学研究,创立了变量数学的思想,开创了应用数学的先河,为近代数学的发展奠定了基础。解析几何对于数学教学具有重要的指导意义,它教会学生如何根据基本数学思想探索解决问题的具体方法,这是数学教学的一项重要任务。解析几何教学不仅可以培养学生的坐标变换思想、不变量的思想及分类思想,还可以提高学生思维的灵活性、开拓性与创新性,这也是数学教育的重要任务之一。由此可见,解析几何对于课程育人具有潜在的应用价值。

但是,现有的解析几何教学采用以知识传授为主的模式,难以充分发挥其育人价值,主要体现在以下几个方面:① 教学模块化,难以激发学生的学习兴趣;② 学生领会不到数学方法的精髓,达不到学以致用的效果;③ 特定类型的题目往往有特定的解法,不利于培养学生思维的开拓性和创新性;④ 缺乏对知识运用的讲授,不利于培养学生运用数学知识解决实际问题的能力;⑤ 没有挖掘课程中蕴含的文化价值和教育价值,不利于提高学生的文化素养和认知水平。

教与育本是一体,尤其是在当前教育教学改革旨在落实立德树人根本任务的背景下。当今世界正经历百年未有之大变局,我国正处于实现中华民族伟大复兴的关键时期,随着新一轮的科技革命和产业变革的深入发展,国际竞争日益加剧,意识形态领域的斗争更加激烈。因此,帮助青年学生树立正确的世界观、人生观和价值观就显得尤为重要。抓好课程建设"主战场",打好铸魂育人"主动仗",推动立德树人与专业课程的有机融合,对立德树人根本任务的落实具有积极的推动作用。解析几何既是高中数学的重要组成部分,也是大学阶段数学类专业的重要基础课程,对于帮助学生学习数学知识起着承上启下的作用。充分挖掘解析几何课程中的育人元素,并将其有机地融入课程教学,对于落实立德树人根本任务具有重要作用,是实现课程育人的必要措施。

　　解析几何课程是一门主干课程,贯穿着初等教育和高等教育的教学内容,无论是在培养目标还是在课程性质方面都与课程育人有着较高的契合度,对课程育人的实施具有重要的推动作用。如何挖掘解析几何课程中的育人元素,并将其巧妙地融入解析几何的教学过程,达到课程育人的效果,从而使得解析几何课程教学发挥课程育人的功能,是值得我们深思的问题。

　　本书涵盖了平面解析几何和空间解析几何课程育人的相关内容,旨在通过挖掘解析几何课程中的育人元素,寻找育人元素与解析几何课程有机融合的切入点,探讨如何在解析几何教学中融入育人元素,将德育贯穿教学始终,不断完善教学内容,优化教学方式和方法,以适应学科发展和实际应用的需要。

著　者

2022 年 3 月

目　录

第一部分　平面解析几何教学中的课程育人

　　课程育人是新的历史条件下我国教育发展的产物,其核心目标是将育人思想贯穿于课程教学,在传授知识的同时实现育人的目标,即使专业课程具有立德树人的作用。课程育人是指将对优秀传统文化的传承和对奉献精神、爱国主义、探索精神、世界观、人生观、价值观的培养等融入教学过程。各类课程育人与专业教学同向同行、协同发展,把立德树人作为教育的根本任务,在潜移默化中促进学生全面发展,为高等院校输送合格的人才。

　　不同阶段的育人重点有所不同,小学阶段以"促进道德启蒙"为重点,初中阶段以"养成道德认知"为重点,高中阶段以"培养责任使命"为重点,大学阶段以"提升和坚定理想信念"为重点。在不同的阶段要采取不同的育人方法,以便于学生接受。

　　高中阶段是学生成长的关键时期,如果各科教师都能够深入挖掘课程中丰富的育人素材,并将其融入自己的课程教学中,学生将会终身受益。高中的课程育人需要与初中和大学的课程育人接轨,要抓住高中生的身心特点、成长规律、接受特点和认知规律,把价值引领和人格塑造巧妙地融合到课堂教学中。

　　高中阶段是人生的重要阶段,一方面,学生面临升学压力,课业负担较重;另一方面,学生价值观念的根基不太稳固,面对各种诱惑容易动摇,容易迷失方向。高中思想政治理论课课堂是国家意识形态教育的重要阵地,树立正确的价值观对于学生未来的发展具有重要的影响。思想政治理论课毫无疑问是德育工作的主渠道,但仅依靠思想政治理论课的教学难以达到理想的育人效果,这是因为思想政治理论课只是学生所要学习的众多课程中的一门课程,独木难成舟,如果能够将思想政治教育贯穿于各门学科,对学生进行全方位、多角度的思想政治教育,将会极大地促进学生德、智、体、美、劳全面发展,为中国特色社会主义事业培养合格的建设者和可靠的接班人。

本部分围绕立德树人的根本任务,分析高中平面解析几何课程育人的必要性,探讨平面解析几何课程育人的教学目标、建设思路及预期成效。针对高中生的身心特点和平面解析几何的教学内容,挖掘高中平面解析几何教学中的育人元素,实现平面解析几何与课程育人的有机融合,将育人工作贯穿于平面解析几何的教学过程。

参考文献

[1]胡维新,田芳,鲁红权. 以"问题链教学法"创新高校课程思政教学方法[J]. 课程教育研究,2018(52):44,46.

[2]王志国. 高中课程思政建设的现状与对策[J]. 现代基础教育研究,2019,36:175-178.

立德树人视域下圆锥曲线的教学方法探究

　　课程育人是在新的时代背景下提出的教育理念，它要求教师不仅要关注对知识的传授，而且要关注课程的育人功能，实现课程的育人价值，在传授知识的同时，让学生于无形中接受价值观教育，从而培养出既具备扎实的基础知识又具有坚定的理想信念的优秀青年，完成立德树人的根本任务。作为高中数学的重要组成部分，平面解析几何对高中生的知识培养具有重要作用，因此探讨立德树人视域下平面解析几何的教学改革对实现学科育人至关重要。本文以苏教版高中数学教材为载体，以圆锥曲线为例，探讨平面解析几何内容中蕴含的育人元素及平面解析几何与课程育人的融合方式，旨在促进高中数学课程育人的进一步开展。

1. 引言

　　2014 年教育部印发了《关于全面深化课程改革 落实立德树人根本任务的意见》，指出了高校和中小学课程改革与立德树人的要求之间的差距，并提出了"德育为先、能力为重、全面发展"的教育理念。2018 年 9 月 10 日，习近平总书记在全国教育工作大会上指出了立德树人的重要性。由此可见，课程育人是当前教育教学改革的重要工作，将课程育人贯穿于各学科的教学过程，使各门课程发挥育人功能，促进德育和智育的协同发展，是对新时代教育教学改革的积极回应。

　　数学作为高中阶段的一门重要基础课程，具有内容抽象、逻辑性强、知识点多等特点。无论是教师还是家长都更重视学生对知识的掌握，认为数学的学习应侧重对思维的培养，育人则是思想政治理论课教师的任务。事实上，高中数学涵盖代数、平面几何、立体几何、解析几何等内容,知识的导入由浅入深,知识点之间关系密切,具有独特的育人优势。数学教师可对高中课程育人进行研究和探讨,合理开发和利用教学资源,挖掘其中蕴含的育人元素,并通过教学设计、借助教学手段将其融入数学知识的讲授过程,有效提高学生的数学素养。

圆锥曲线是高中数学教学中的重要内容,教学内容涉及代数和几何两个方面,主要包括圆锥曲线的定义、性质及其在生活中的运用,在高考中经常被作为压轴题,因此得到了广大师生的重视。为了促使学生取得优异的高考成绩,教师一般采取"填鸭式"教学,大量灌输关于圆锥曲线的解题方法和技巧,从而忽视了对学生思想与实践性思维能力的培养,因此经常会出现一些"高分低能"的案例。同时,圆锥曲线的抽象性和计算的复杂性也使学生产生畏难情绪,比较排斥学习这部分内容。这一方面是因为学生认知程度不够深,无法深入把握问题的规律与逻辑;另一方面是因为学生缺乏学习的主动性,解题时习惯套用老师讲的解题思路,而没有真正掌握解题技巧,无法做到举一反三。要从根本上解决上述问题,教师就要在教学过程中注重调动学生学习的积极性,使学生变被动为主动,激发学生的学习兴趣,挖掘圆锥曲线中蕴含的育人元素并将其融入教学过程。

2. 圆锥曲线中育人元素的挖掘与融合

圆锥曲线作为高中平面解析几何的重要组成部分,蕴含着丰富的育人元素,教师可以从相关数学史、名人轶事及其与生活实践的联系等方面进行挖掘,并借助课堂教学设计将其融入教学过程,达到立德树人的目的。

教师授课时,可以先介绍圆锥曲线的产生背景,如:意大利科学家伽利略发现投掷的物体沿着抛物线运动;德国天文学家开普勒发现行星是沿着椭圆轨道围绕太阳运行的,太阳是这个椭圆轨道的一个焦点。再引导学生思考圆锥曲线应用的广泛性,以及圆锥曲线的产生与物体运动的密切相关性,培养学生用运动变化的观点和数形结合的方法思考问题的习惯。

　　讲授椭圆知识时,可以先短视频播放"东方红一号""嫦娥二号"等人造卫星和"神舟"系列飞船的运动轨迹,创设教学情境,使学生感受我国航天事业的伟大成就,由衷地为祖国的强大而感到自豪,激励学生为科技创新、科技兴国而奋斗。

　　圆锥曲线是坐标法研究几何问题的重要应用。坐标法的中心思想是把算术、代数、几何统一起来,运用代数的方法解决几何问题。几何学难题在运用代数方法之后便迎刃而解。

　　圆锥曲线与社会生产生活具有密切的联系,如油罐车的横截面是椭圆形的,这样的设计在高度和宽度都受限制的情况下,既能节省罐体材料,又能保证容积,同时还能利用有限的空间保证罐体的稳定性。具有1400多年历史的赵州桥采用了抛物线的结构,用料精简,经历多次自然灾害,结构依然稳固。

　　综上所述,圆锥曲线的相关知识中蕴含着大量的育人元素,需要广大高中数学教师结合专业知识特点和课程育人理论进行深入分析和挖掘。表1归纳了苏教版高中数学教材中与圆锥曲线知识有关的育人案例。

表1　苏教版高中数学教材中与圆锥曲线知识有关的育人案例

数学知识	育人元素	融合路径	案例
圆锥曲线的产生背景	唯物主义观点;对科学不断探索的精神	数学史介绍;投掷的物体沿抛物线运动	行星绕太阳运行;"近代力学之父"伽利略
椭圆	民族自豪感;数学的价值	短视频情景引入;与生活实践相联系	"东方红一号""嫦娥二号"等人造卫星,以及"神舟"系列飞船的运动轨迹;油罐车的横截面
抛物线	数学的价值	与生活实践相联系	赵州桥

数学知识	育人元素	融合路径	案例
坐标法	辩证统一	坐标法的中心思想	圆锥曲线的标准方程
椭圆的性质	数学美	点的坐标变换	椭圆的对称性
圆锥曲线的方程	透过现象看本质	不同坐标系下方程的变化	坐标系与方程
圆锥曲线的统一定义	数学的内在美与和谐美	类比与联想	平面内到定点的距离与到定直线的距离之比为一常数的点的轨迹

此外,圆锥曲线的解题过程也蕴含着丰富的育人元素。

【案例1】 如果 AB 是以 O 为圆心的圆的一条弦,由垂径定理可知,AB 的中点 M 与 O 的连线垂直于 AB,可以表述为 AB 的斜率与 OM 的斜率的乘积为 -1,即 $k_{AB} \cdot k_{OM} = -1$。

【问题】 如果将"圆"改为"椭圆""抛物线"或"双曲线",是否能得到类似的结论?

由计算推导可知,

(1)已知椭圆 $C: \dfrac{x^2}{a^2} + \dfrac{y^2}{b^2} = 1 (a>b>0)$,$O$ 为坐标原点,AB 为椭圆的一条弦,AB 的中点为 M,则 $k_{AB} \cdot k_{OM} = -\dfrac{b^2}{a^2}$。

(2)已知双曲线 $C: \dfrac{x^2}{a^2} - \dfrac{y^2}{b^2} = 1 (a>0, b>0)$,$O$ 为坐标原点,AB 为双曲线的一条弦,AB 的中点为 M,则 $k_{AB} \cdot k_{OM} = \dfrac{b^2}{a^2}$。

但是,如果 AB 为抛物线的一条弦,那么 AB 的中点 M 与点 O 的连线的斜率与 AB 的斜率不具有上述类似关系,即 $k_{AB} \cdot k_{OM}$ 不是定值。

【案例2】 过椭圆顶点的一条弦与椭圆交于 M、N 两点,如果

有 $MA \perp NA$,那么直线 MN 是否经过定点？

（1）已知椭圆 $C: \dfrac{x^2}{a^2}+\dfrac{y^2}{b^2}=1(a>b>0)$ 的左顶点为 $A(-a,0)$, M 、N 在椭圆 C 上,且 $MA \perp NA$,则直线 MN 经过定点 $\left(-\dfrac{a(a^2-b^2)}{a^2+b^2},0\right)$ 。

（2）已知双曲线 $C: \dfrac{x^2}{a^2}-\dfrac{y^2}{b^2}=1(a>0,b>0)$ 的左顶点为 $A(-a,0)$, M 、N 在双曲线 C 上,且 $MA \perp NA$,则直线 MN 经过定点 $\left(\dfrac{a(a^2+b^2)}{b^2-a^2},0\right)$ 。

（3）已知抛物线 $C: y^2=2px$ 的顶点为 $A(0,0)$, M 、N 在抛物线 C 上,且 $MA \perp NA$,则直线 MN 经过定点 $(2p,0)$ 。

案例1和案例2从具有代表性的弦斜率和定点问题入手,启发学生思考更加普遍的问题。从课程育人的角度来看,这两个案例的数学知识和思想方法中都蕴含了丰富的辩证唯物主义的观点和方法。

综上所述,圆锥曲线问题无论是在基础知识方面还是在问题解决方面都蕴含着丰富的育人元素。

3. 结语

课程育人是实施立德树人的重要途径之一。课程育人属于隐形育人,与思想政治理论课一起形成全课程育人的格局。课程育人本质上是教育的外延,是课程内涵的拓展,是以课堂教学为切入点对知识传授与价值引领在知识、价值、技能、情感、行动等维度的统一,是对课堂教学模式的创新。

在苏教版高中数学教材中,圆锥曲线是重要内容之一,对高中生学好数学和身心健康成长至关重要。高中阶段是一个学生成长的重要阶段,对于学生来说,这段时期中既要汲取大量的知识,又要在各种价值观念中做出选择。开展课程育人建设可以为学生的成长指明方向,帮助学生有效解决在学习、生活中遇到的问题。

参考文献

[1] 中华人民共和国教育部. 教育部关于全面深化课程改革落实立德树人根本任务的意见[EB/OL]. (2014-04-08)[2022-03-05]. http://www. moe. gov. cn/srcsite/A26/jcj_kcjcgh/201404/t20140408_167226. html.

[2] 习近平. 坚持中国特色社会主义教育发展道路 培养德智体美劳全面发展的社会主义建设者和接班人[N/OL]. 人民日报, 2018-09-11(1)[2022-03-05]. http://cpc. people. com. cn/BIG5/nl/2018/0910/c64094-30284598. html.

[3] 林清龙. 渗透"课程思政"的中学数学教学策略探究:以人教版《高中数学·必修一·第一册》教材为例[J]. 福建教育学院学报, 2021, 22(11):15-16.

[4] 田保. 从课程思政角度探究圆锥曲线中弦的问题[J]. 数理化解题研究, 2022(10):24-26.

高中平面解析几何教学中课程育人的探讨

平面解析几何用代数的方法研究平面图形,既具有代数的逻辑性,又具有几何的直观性,蕴含着丰富的育人元素。探讨高中数学新课标下平面解析几何的课程育人,既要注重对有形知识的讲授,又要在无形中影响学生的价值观,这对落实立德树人的根本任务、培养出既具有扎实的文化知识又具有坚定的社会主义信念的新青年具有重要作用。

1. 引言

立德树人是高中育人的根本任务,虽然党和国家多次出台文件强调德育的重要地位和作用,但在课堂教学中仍然存在重智育、轻德育的现象,主要原因大致有两个方面:① 功利主义教育价值取向的影响;② 人才选拔制度的影响。中国的很多家长对子女的培养目标是考上名牌大学,虽然我国的大学录取率在逐年提高,但要考取名牌大学,仍然是"千军万马过独木桥"。在这种强大的升学压力下,家长们不遗余力,倾其所有,给孩子安排各种辅导班。尽管有些家长意识到了素质教育的重要性,但在素质教育和应试教育的选择上,受大环境的影响,还是倾向于选择后者。同时,学校的管理者和教育者的决策与管理在某种程度上也受到考试制度的影响,高考指标也成了衡量一个学校的办学质量的重要依据。

《普通高中数学课程标准》(2017 年版 2020 年修订)明确指出了高中数学的课程宗旨:以学生发展为本,落实立德树人的根本任务,培养和提高学生的数学核心素养。课程要面向全体学生,实现人人都能获得良好的数学教育、不同的人在数学上得到不同发展的目标。为此,高中数学教学逐渐改变以往的应试教学模式,将课程育人融入课程教学过程并进行研究与探讨,在育人内容、育人方法及融合路径方面取得了显著成效。

纵观已有的文献和资料,对高中平面解析几何课程育人的研究只有极少数。但是作为高中数学重要内容之一,平面解析几何具有独特的课程特点,对丰富学生的数学知识、提升学生的认知能力具有重要作用。在平面解析几何教学中融入育人元素,可以让学生感受到历代数学家的探索精神,激励学生在学习和生活中善于观察、勤于思考、大胆想象,促进学生形成与发展正确的价值观。

2. 高中平面解析几何课程育人存在的问题

(1)育人元素挖掘不充分

育人元素的挖掘是进行课程育人的根本保障。由于专业背景的限制,高中数学教师在育人理论方面还存在不足之处;同时,繁重的教学任务使得高中数学教师很难腾出时间去思考和挖掘课程中的育人元素,导致育人过程的基础性障碍出现。

(2)育人方式比较单一

尽管素质教育已经广泛开展,但是在实际的教学过程中,学生和家长的关注点仍在如何提高分数上,各科教师对育人理论也缺乏充分的认识,经常由于主观或客观原因忽视育人内容。即使国家和教育主管部门已多次强调要重视素质教育,但教师也只是在讲解的时候问一句:"大家从中懂得了什么道理?"这种育人形式单一枯燥,起不到良好的教育效果,甚至会引起学生的反感,对于课程教学和育人都会产生不好的影响。

(3)学生的内在价值激发不足

内在价值是精神层面的追求,正确的价值观不仅是社会要求,也是学生健康成长的需求。面对高考的压力,教师倾向于教学生学习知识,而忽视了对学生个体需求的开发,致使学生的内在价值观激发不足。

(4)知识传授与价值观塑造脱节

在课程教学中,一方面存在将价值观塑造等同于知识传授的情况,教师忽视了将价值观塑造的理论体系向教学体系转化,导致学生在主观上意识不到价值观塑造的意义;另一方面理论与实际脱离,教师过于强调世界观、价值观和方法论的理论知识,缺乏将其有机地融入课程教学的路径和方法,因此达不到培养学生的认知能力和辩证思维能力的效果。

3. 高中平面解析几何课程中育人元素的挖掘与融入

针对高中平面解析几何课程育人中存在的问题,高中数学教师应该以"培养什么样的人"为根本导向,以促进学生成长成才为出发点和落脚点,结合课程的实际情况和学生的身心特点,从以下几个方面挖掘:从课程知识点中挖掘育人元素;从教学内容中挖掘所蕴含的哲学思想;借助失败的教训和警示性问题,启发学生进行反思,提高学生的辨识能力和责任意识;通过相关概念的发展史及名人事件影响学生,完成对学生价值观的塑造。

对育人元素进行充分的挖掘之后,就要考虑育人元素的融入,即如何通过合理有效的教学设计,将育人元素有机地融入课程教学,渗透知识的传授过程,而不是生搬硬套。由于平面解析几何具有自身的课程特点,因此,在教学过程中应根据其课程特点挖掘育人元素。探讨育人元素的有效融合路径,对开展课程育人、落实立德树人具有积极的促进作用。

17 世纪以后,为了满足航海事业与航天事业的发展需求,笛卡儿将代数与几何结合起来,创立了解析几何,使其成为现在高中数学教学中解析几何的重要内容。本文以苏教版高中数学教材中平面直角坐标系、向量和圆锥曲线中的教学片段为例,挖掘其中蕴含的育人元素,并将其融入课堂教学。

【案例1】 平面直角坐标系的引入:一天,笛卡儿躺在床上看见屋顶有一只蜘蛛在拉丝,它时上时下,时左时右,最后织成一张网。看到蜘蛛织网的过程,笛卡儿茅塞顿开,困扰许久的问题有了思路,他将代数与几何结合起来,创立了笛卡儿直角坐标系。通过笛卡儿的故事,引导学生领悟笛卡儿勇于探索的精神,培养学生不怕困难、遇到问题不轻言放弃、努力进取的精神。

【案例2】 平面向量:通过生活中和物理学中的知识引出向量

的几何表示,引导学生思考向量和数量的区别,体会物理和数学之间的密切联系,理解数学的应用价值就是数学可以使生活简单化。

【案例3】 圆锥曲线的特征:曲线 C 上一点 $M(x,y)$ 到定点 $F(2,0)$ 的距离与到定直线 $x=8$ 的距离之比为 e(离心率)。当 $e=1$ 时,C 表示什么曲线? 当 $e=\dfrac{1}{2}$ 时,C 表示什么曲线? 当 $e=\dfrac{3}{2}$ 时,C 表示什么曲线?

将学生分成三组分别对三个问题交流讨论,每组指定一位同学回答问题,并与其他两组同学交流,得出结论:当 $e=1$ 时,C 表示抛物线;当 $e=\dfrac{1}{2}$ 时,C 表示椭圆;当 $e=\dfrac{3}{2}$ 时,C 表示双曲线。通过讨论,培养学生团结协作的精神。

由特殊到一般,引导学生进一步探索得出具有普遍意义的规律:当 $e=1$ 时,C 表示抛物线;当 $0<e<1$ 时,C 表示椭圆;当 $e>1$ 时,C 表示双曲线。让学生意识到离心率 e 的变化会引起曲线性质的变化(e 的变化属于量变,曲线性质的变化则属于质变,量变可以引起质变,质变也可以引起量变);培养学生脚踏实地的学习态度。

通过以上分析可知,结合平面解析几何的相关知识与育人理论,可以挖掘平面直角坐标系、平面向量及圆锥曲线中的育人元素(表1),借助教学设计将育人元素融入教学过程,达到课程育人的目的。

4. 结语

高中数学新课程标准明确指出,高中平面解析几何的教学目标既要符合知识目标、能力目标和数学方法的构建,又要在教学中渗透数学思想,融入育人元素,达到“三全育人”的目的。在教学实践中,教师不仅要具备扎实的专业知识,还要厚植课程育人的基础理论,多渠道、多角度深入挖掘课程中蕴含的育人元素,采用灵活多样的教学手段,不断提升自身的课程育人水平。随着教学技术的不断发展和完善,以及人们对课程育人认识的不断提高,课程育人的应用范围将会逐渐扩大,更好地推动高中课程育人的深入开展。

表 1　平面解析几何课程中的育人元素

知识点	育人元素	教学设计	案例
平面直角坐标系	勇于探索的进取精神；爱国主义情感	通过引入平面直角坐标系的创始人笛卡儿的故事,引导学生领悟笛卡儿勇于探索的精神,培养学生不怕困难、遇到问题不轻言放弃、努力进取的精神;介绍具有"东方第一几何学家""数学之王"称号的苏步青先生在几何方面的成就及其爱国故事	蜘蛛织网;苏步青先生的几何成就
平面向量	社会情感	结合物理学中的力、位移、速度等变量,使教学生活化、简单化	将所学知识与实际生活相联系
向量的加法	探究精神	介绍向量加法的本质,"+"仅仅是一个运算符号,它所代表的规则才是运算的本质;引导学生看问题时不要局限于表面,而是要透过现象看本质	平行四边形法则与三角形法则
向量的数量积	创新精神	根据平面向量的坐标表示数量积的概念,引导学生探讨两个向量的数量积的运算,并探讨如何利用数量积解决问题,如求向量的模、两向量的夹角等,证明向量垂直问题	数量积的坐标表示
圆锥曲线	量变与质变的辩证关系	由具体案例求曲线方程并判别曲线类型,引导学生思考曲率变化对曲线类型的影响	不同曲率的曲线类型

参考文献

［1］毛武榜．对中小学教育重智轻德问题的研究［J］．教育教学论坛,2014(3):172-173.

［2］勾钰莹．探索课程思政融入高中数学教学:从线面垂直判定定理的引入出发［J］．数理天地(高中版),2022(4):38-40.

［3］张国瑞,魏兆鹏．县区高中课程思政实践的现状、问题及对策［J］．新课程,2022(16):18-19.

［4］马田雨．中学数学"课程思政"实践研究［D］．延安:延安大学,2022.

高中平面解析几何课程育人案例分析

在专业学科中融入课程育人已经成为高中教育领域的主要研究内容之一,课程育人是培养社会主义青年人才的重要途径。结合平面解析几何的具体案例,多层次、多角度挖掘其中蕴含的育人元素,并将其融入课程教学,可以培养学生的人文素养、哲学思想、数学精神及爱国主义品质,也可以促进学生健康成长和全面发展。

1. 引言

2019 年 3 月 18 日,习近平总书记在学校思想政治理论课教师座谈会上强调:"青少年阶段是人生的'拔节孕穗期',……最需要精心引导和栽培。"在高中教育教学中,各科教师都要深入学习和领会课程育人的教学理念,肩负起课程育人的责任,坚持全员参与、全程跟踪、全方位育人。

当代教育把学科核心素养作为衡量教育质量的标准之一。《普通高中数学课程标准》(2017 年版 2020 年修订)对学科核心素养进行了定义:学科核心素养是育人价值的集中体现,是学生通过学科学习而逐步形成的正确价值观、必备品格和关键能力。数学学科核心素养是数学课程目标的集中体现,是具有数学基本特征的思维品质、关键能力以及情感、态度与价值观的综合体现,是在数学学习和应用的过程中逐步形成和发展的。做好平面解析几何课程教学与育人的融合,关键在于找到二者的切入点。教学过程中,教师既要实现课堂教学对学生能力的培养,也要推动课程育人建设,强化课程育人功能。将平面解析几何特有的文化底蕴和内涵融入知识的传授过程,让学生熟悉我国解析几何的发展史及平面解析几何中蕴含的方法论,了解我国在解析几何方面取得的杰出成就,这种做法有助于培养学生的辩证唯物主义世界观和正确的价值观。

随着课程育人实践活动的推广应用,各个学校相继开展了课程育人,并取得了显著成果。例如:提出了高中数学课堂的问题与应对策略,以及高中数学课堂中采用的课程育人的策略、措施和方法;明确了教师自身素质的提升对落实课程育人的重要性。已有的研究成果根据高中生的身心和成长特点,对不同角度、不同学科的课程育人提出了若干建议,这对课程育人的深入开展具有指导意义。

2. 平面解析几何课程育人的理论基础

践行课程育人,既需要多元理论的支撑,也离不开正确的价值观的引领。

课程育人的目标是促进人的发展,人的发展是社会发展与进步的基石,包括人的综合素质、人的各种需求、人所在的社会关系及人的个性的发展。马克思主义理论就是从人的角度研究问题、以人的发展为使命的理论,对课程育人具有重要的指导意义。马克思主义理论认为,所有人的职责、使命和任务就是全面发展自己的一切能力,人的需要即人的本性。课程育人的实施有利于引导学校把育人作为各类教育活动的目标,满足学生的发展诉求。社会环境为人的生存和发展提供舞台,也是人所依赖的外部环境。课程育人是一种重要的实践性活动,好的课程育人环境是有效实施课程育人的外部支撑。

课程育人的实践依据是隐性思想教育。隐性思想教育立足于社会存在决定社会意识,将学科教育与社会实践深度结合,在解决人们物质问题的同时解决思想问题,有助于强化学生的思想认识,最终形成社会所希望的思想道德观念。隐性教育是相对于显性教育而言的,它的落脚点是立德树人,采用渗透的方式间接地体现教育的内容和目标。课程育人蕴含的育人元素是隐性教育的重要组成部分。

课程育人的理论源于建构主义理论。建构主义以学生为主体,教师根据教学需求引导学生树立正确的价值观,实现全员、全程、全方位的育人目标。课程育人建立思想政治理论课程与其他课程的共同创新机制,具体问题具体分析,形成更加科学、标准和精细的育人方式。

3. 案例分析

平面解析几何作为数学的重要组成部分,既具有代数的逻辑性,也具有几何的直观性,教师要多层次、多角度整合学科资源,深入挖掘育人元素,并在课堂教学中加以融会贯通。本部分以平面解析几何教学中的部分教学片段为载体,通过案例分析探讨课程育人。

在熟练掌握平面解析几何的相关定理、定义、性质、符号、公式等内容的基础上,结合其发展历程挖掘其中蕴含的育人元素。表1中列举了平面解析几何教学中的育人案例。

表1 平面解析几何教学中的育人案例

知识点	课程育人切入点	育人目标
平面向量的概念	向量及向量符号的由来	使学生明白向量源自许多数学家的不懈努力; 引导学生在学习中要学会尊重他人的研究成果,尊重知识
平面直角坐标系	平面直角坐标系的由来	理性教育
圆的概念	介绍圆的数学历史背景	爱国主义和民族自豪感的教育
椭圆	圆锥曲线发展史; "嫦娥三号"椭圆轨道; 类比圆探究椭圆	良好个性品质教育; 爱国主义教育; 方法论教育
双曲线	"数"与"形"; "双曲线"形冷却塔	方法论教育; 良好个性品质教育
抛物线	"中国天眼"; 古代运河的拱桥; "GRAS-4"天线	政治信念教育; 爱国、爱社会主义教育; 理性思维方式教育
直线方程	直线方程的五种形式; 直线上的两点	辩证统一观点教育; 培养正确的人生观

知识点	课程育人切入点	育人目标
圆的方程	与圆有关的问题	数学的实用价值观教育
两点间的距离	"心理距离说"	道德修养、审美观教育

【案例1】 井田制与《汉书》"八表"

17世纪,为了满足当时科学技术发展的迫切需求,法国数学家笛卡儿采用坐标和方程表示曲线。与此同时,法国数学家费马也独立形成了用方程表示曲线的思想。

实际上,在引进坐标的概念之前,我国古代的一种土地制度——井田制中已经蕴含了坐标思想。此外,在《汉书》中班固、班昭所编的"八表"以时间为轴,记录了众多人物和史事,这实质上就是一个坐标系。

课程育人切入点:向学生介绍解析几何的发展史,展示不同时代与文化背景下解决问题的方式有何不同,感受数学文化的魅力和数学方法的美丽,激发学生学习的兴趣,培养学生的理性精神。

【案例2】 圆的概念

古人最早通过圆月和太阳得到圆的概念。两千多年前墨子给圆下了定义,这个定义比希腊数学家欧几里得给圆下的定义早约100年。圆是中华文明的精神原型,是古代美学中必不可少的元素。在讲解圆的方程时,教师可以圆的形状特征为出发点,教导学生"做事要圆,做人要方""圆是处事之道,方是做人之本"。

课程育人切入点:通过介绍与圆有关的数学历史知识,激发学生的学习兴趣,弱化其畏难情绪,引导学生树立高远志向,勇于奋斗。从圆的性质出发,通过俗语教导学生做事要圆,与人为善;做人要方,坚持原则。

【案例3】 两点间距离公式

距离产生美。观看演出时与演员保持一定的距离,才能产生美感,距离太近或太远都会降低美感。摄影时也要保持适当的距离,这样拍出的照片才能给人以美的享受。瑞士心理学家爱德华·

布洛首次提出"心理距离说",认为保持适当的心理距离是创造美和欣赏美的基本原则。

课程育人切入点:借助"心理距离说"引出数学中两点之间的距离问题,理论联系实际。

【案例4】 直线方程

直线方程共有五种形式:斜截式、点斜式、两点式、截距式和一般式,每一种形式都有其优缺点。无论哪种形式的直线方程,都取决于两个要素,这两个要素可归结为直线上两个不同的点,即一个旧点、一个新点。其中,一般式可以表示平面上任意一条直线,而其他四种形式的直线方程都有其不能表示的特殊直线。如斜截式 $y=kx+b$ 不能表示垂直于 x 轴的直线;点斜式 $y-y_0=k(x-x_0)$ 不能表示垂直于 x 轴的直线;两点式 $\dfrac{y-y_1}{y_2-y_1}=\dfrac{x-x_1}{x_2-x_1}$ 不能表示直线 $x_2=x_1$ 或直线 $y_2=y_1$(即垂直或水平直线);截距式 $\dfrac{x}{a}+\dfrac{y}{b}=1$ 不能表示过原点(截距为0)的直线。

课程育人切入点:根据直线方程的五种形式在一定的条件下可以互相转化的特点,培养学生运用辩证统一观点解决问题的能力,灵活处理相关问题。由直线方程的确定条件引导学生明确自己的努力方向和奋斗目标(新点),明白选择不同的目标,就会获得不一样的人生。

【案例5】 圆的标准方程

圆的标准方程在高考中占有一定比例的分值,是后续学习椭圆等圆锥曲线方程的基础。圆是学生比较熟悉的曲线,在生活中随处可见。在学习直角坐标系的基础上,采用小组讨论的形式,由学生和教师共同计算出几个圆的方程,得出圆的标准方程。

在此过程中,教师要不停巡视,参与到学生的小组讨论中。利用坐标法建立圆的标准方程,对学生探究知识的形成和运用具有促进作用。

课程育人切入点:联系生活实际,培养学生的数学审美能力;

采取小组讨论的形式,培养学生的合作精神;利用启发式教学,提升学生解决问题的能力和培养学生学习数学的信心。

4. 结语

在互联网技术飞速发展的今天,学生身处知识爆炸的环境中,每天都会接收各种各样的信息。高中阶段的学生心智尚未完全成熟,在辨别是非方面还存在一定的不足,因此,保证其思想健康、积极向上是广大教育工作者肩负的职责。在各学科中融入育人元素、开展课程育人可以帮助学生树立正确的世界观、人生观和价值观,确保他们沿着正确、健康的方向发展,免受垃圾信息的毒害。

平面解析几何是高中数学的重要组成部分,其育人元素的挖掘对课程育人的顺利开展具有基础性作用。高中数学教师不仅要熟练掌握专业知识和技能,而且要不断丰富自身的育人理论知识,将育人理念贯穿于课堂教学,在实现知识目标的同时,达到立德树人的目的。

参考文献

[1] 罗琼,汪洪. 抓好"拔节孕穗期" 守住"三尺主阵地":学习习近平总书记在学校思想政治理论课教师座谈会上的重要讲话[J]. 学习月刊,2019(5):4-6.

[2] 中华人民共和国教育部. 普通高中数学课程标准(2017年版2020年修订)[S]. 北京:人民教育出版社,2020.

[3] 刘雨柔,赵临龙,高丽. 课程思政融入中学数学课堂的探究与思考[J]. 数学学习与研究,2021(29):122-123.

[4] 陈松林. 中学数学课堂落实课程思政的策略思考[J]. 数学通讯,2021(23):5-8.

[5] 林清龙. 渗透"课程思政"的中学数学教学策略探究:以人教版《高中数学·必修一·第一册》教材为例[J]. 福建教育学院学报,2021,22(11):15-16.

平面解析几何例题教学中的育人策略探究

作为高中数学的重要组成部分,平面解析几何肩负着课程育人的重任。平面解析几何涵盖定义、定理、符号的表示、例题的讲解、知识的运用等相关内容,而例题在教学中至关重要。在例题教学中践行课程育人既能深化知识、发展学生智力、提高学生的数学求解能力,又有助于培养学生良好的学习习惯,提高其思维水平,进一步推动课程育人的开展。

1. 引言

随着社会的进步和发展,人们处于多元化的环境中,容易受到不同思想的影响。要想充分利用课堂教学这一主渠道,使各类课程教学与育人同向同行,形成协同效应,就不仅要在大学施行课程育人,而且要在高中阶段树立课程育人理念,这是因为高中阶段是学生世界观和价值观形成的关键时期。

课程育人是新时代教育理念的产物,其核心目标是在课程教学中融入育人元素,实现立德树人。近几年来,高校课程育人开展得风生水起,而高中阶段的课程育人还需进一步的研究和探讨。为了更好地实现育人目标,需要将育人的主阵地从单一的思想政治理论课堂转向多学科协同育人教育,改变以往思想政治理论教师单兵作战的现状,实现全员、全程、全方位育人。

中国高考评价体系中明确提到:高考的核心功能是立德树人、服务选才、引导教学,并把立德树人放在首要地位。首先,高中阶段的学生心智还不够成熟,面对网络带来的大量信息和多元文化的冲击,缺乏对社会现象正确的认识和准确的判断,思想认识容易偏离正确的轨道,因此在高中阶段实行课程育人具有深远的意义。

其次,作为一门工具性学科,数学具有抽象性、复杂性、严密性的特点。数学中有关概念、定理、性质的提出凝聚了大量科学家的心血。数学本身就是一种奋斗精神的写照,是最简单、最朴素的育人素材。再其次,数学特有的严密性也发挥着学科育人的作用,挖掘数学中的育人元素并融入教学过程,可以影响学生,使其具有坚定的社会主义信念。最后,高考试题的命制既考查学科知识,也渗透了辩证唯物主义世界观,体现数学教学与育人的统一性。因此,在高中阶段践行课程育人对培养学生的世界观具有重要意义。

综上,在高中数学教学过程中践行课程育人是可行、必行的,平面解析几何作为高中数学的重要组成部分,对其施行课程育人也是必然趋势。

2. 平面解析几何教材分析

解析几何的诞生是近代数学发展史上的一个里程碑。解析几何是高等数学的基石,是理解和掌握现代数学的必经之路。现行的苏教版高中数学教材中,平面解析几何被穿插在各年级教材中。近年来,其一直作为高中数学教材的重要组成部分,在为学生进一步学习解析几何理论知识夯实基础。

高中数学课程中的平面解析几何旨在向学生传授"用代数的方法研究几何问题"的思想,讨论的核心是"曲线与方程",研究的几何图形主要是直线与圆锥曲线,是提高学生的观察能力、推理论证能力、提出问题和分析问题的能力、归纳总结能力的重要载体。解析几何中蕴含的坐标法及数形结合的思想可以使复杂的问题简单化,使抽象的问题具体化。引入坐标概念以后,可以将平面上的点与有序实数对(x,y)建立起一一对应的关系,从而将几何问题转化为代数问题。

高中阶段的平面解析几何是解析几何的初级阶段,主要研究直线、圆、圆锥曲线及其方程。新课标为平面解析几何的学习指明了方向,在基础层面上,要求学生掌握相关概念、性质、法则、公式、定理及其所反映的数学思想、方法及应用背景;在能力层面上,重点培养学生提出问题、分析问题和解决问题的能力,有意识地引导和培养学生的自学能力;在几何层面上,强调要培养学生的辩证唯物主义世界观,使其养成批判性思维习惯,帮助其树立正确的几何观,理解解析几何的价值和精髓。由此可见,新课程标准体现了平面解析几何的德育功能,表明在平面解析几何的教学过程中践行课程育人是可行、必行的,并对高中数学教师提出了明确的育人要求。

平面解析几何教材蕴含丰富的数学思想方法,如数形结合、分类讨论、函数与方程、回归思想等。数形结合思想结合了几何方法和代数方法的优势,与解析几何的特征是吻合的。如利用圆锥曲线的方程可以探讨圆锥曲线的几何性质,利用直线和圆的方程可以判别直线与圆的位置关系。面对层次复杂、视角广泛的问题,可以选择一个适当的标准对问题进行细分,将其分成多个易于讨论、层次单一的小问题,分类过程要做到不遗漏、不重复、易操作、运算简便。例如,对于二次曲线方程 $x^2+y^2+Dx+Ey+F=0$ 是否表示圆的问题,可将其整理成 $\left(x+\dfrac{D}{2}\right)^2+\left(y+\dfrac{E}{2}\right)^2=\dfrac{D^2+E^2-4F}{4}$,再按其等号右边的符号分类讨论该方程是否表示圆。平面解析几何中经常使用函数与方程的思想研究几何图形,如直线方程的斜截式是一次函数的解析式,由此来讨论直线的相交、平行等性质。

3. 例题教学中的课程育人

平面解析几何的解题过程经常涉及多方面的知识,除了基础知识、基本技能、解题方法以外,还有解题思想、思维逻辑等内容。因此,从解题过程中可以挖掘育人元素,寻找课程教学与育人的切入点。下面给出一些例题课程育人的案例。

【案例 1】　如图 1 所示,已知平面内两点 $P_1(x_1,y_1)$,$P_2(x_2,y_2)$,求 P_1,P_2 之间的距离 $|P_1P_2|$。

方法 1:利用向量的坐标表示及向量的模即可求出 P_1,P_2 之间的距离 $|P_1P_2|$。

课程育人切入点:数学文化素养教育。引导学生借助平面直角坐标系确定两点的坐标,运用向量的坐标表示与运算性质导出两点间距离的计算公式。充分调动学生的主观能动性,培养学生的数学思维。

方法 2:利用点 $P_1(x_1,y_1)$ 和 $P_2(x_2,y_2)$ 构造直角三角形,由勾股定理导出两点间距离的计算公式。

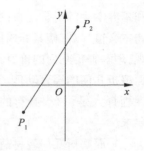

图1　案例1

课程育人切入点:辩证唯物主义教育。在探究两点间距离的计算公式时,运用了两种推导方式。让学生分析比较两种方法的异同,提示学生从不同的角度去看问题和解决问题。引导学生用辩证法的思想与观点思考问题,培养科学理性的思考习惯。

【案例2】　两点之间直线最短,那么飞机航线为什么不是直线?

课程育人切入点:以飞机航线为切入点,增强数学与地理两门学科之间的联系。让学生在课后查阅文献资料探索相关问题,激发学生的学习热情,使其体会在学习过程中探索的乐趣。

【案例3】　直线与圆的位置关系的判定

平面解析几何中,直线与圆的位置关系有三种:相交、相切、相离,位置关系取决于圆心到直线的距离。利用数学软件演示图2中直线与圆的位置关系,将其放大后变成图3,即直线与圆相离了。

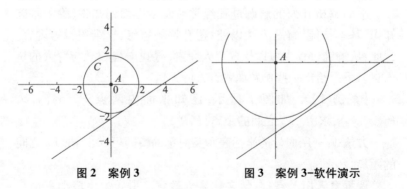

图2　案例3　　　　　图3　案例3-软件演示

通过演示,让学生体会到用直接观察的方法判断直线与圆的位置关系并不十分精确,在学习过程中要寻求更为精确的判定方法,用量化的方式解决问题。

课程育人切入点:丰富教学环境与教学手段。利用信息技术,引导学生观察事物时不能浮于表面,而是要学会思考,要透过现象看到事物的本质和内在逻辑,培养学生的理性思维和严谨的学习态度。

【案例 4】　2013 年,中国航天专题报道,"嫦娥三号"已由距月面平均高度约 100 km 的环月轨道成功进入近月点 A(高度约 15 km)、远月点 B(高度约 100 km)的椭圆轨道。如图 4 所示,该轨道是以月球的中心 F_2 为一个焦点的椭圆。已知椭圆中心在原点 O,月球半径 $R=1\,738$ km,求"嫦娥三号"飞行的椭圆轨道方程。

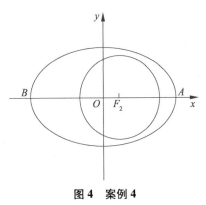

图 4　案例 4

先以"嫦娥三号"的发射视频引入椭圆,再以"嫦娥三号"的实际问题结束教学,呈现首尾呼应、前后一致的教学效果,激发学生的学习兴趣和探究热情。

课程育人切入点:世界观、人生观、价值观教育。让学生在求解过程中体会数学的魅力,感受国家的强大,教师及时渗透"三观"教育,鼓励学生将实现个人价值与国家发展相结合,实现自我价值的最大化。

【案例 5】　位于中国贵州省内的射电望远镜是目前世界上口径最大、精度最高的望远镜(图 5),被誉为"中国天眼"。根据有关资料,该望远镜的轴截面呈抛物线状,口径 *AB* 为 500 m,最低点 *P* 到口径面 *AB* 的距离是 100 m。若按图 6 所示建立平面直角坐标系,则抛物线的解析式是什么?

图 5　位于中国贵州省内的射电望远镜

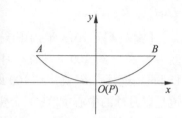

图 6　案例 5

讲授本例题时,教师可指导学生独立思考、自主解答,感受抛物线在科学技术中的应用,强化学生科研报国的使命感,让学生学习在实际问题中建立抛物线标准方程的过程与一般方法,提升学生数学运算和数学建模的能力。

课程育人切入点:政治信念的培养,世界观、人生观、价值观教育。通过介绍“中国天眼”总工程师南仁东的先进事迹及“国之重器”对全球开放的伟大壮举,在课程中渗透“科学无国界,科学家有国界”的观念及中国为全人类探索和认识世界做出的贡献,强化学生的政治信念和价值观念,帮助学生树立正确的世界观、人生观和价值观。

【案例6】　京杭大运河是我国古代伟大的水利工程,也是世界上里程最长的古代运河,是中国古代文明的重要标志之一。天津是因运河而兴盛、因漕运而繁荣的历史古城。现知道京杭大运河天津段有一座抛物线形拱桥(图 7),当水面距拱桥拱顶 5 m、水面宽 8 m 时,一艘宽 4 m 的小船载货后露出水面的部分高 $\frac{3}{4}$ m,问:水面涨到距离拱顶多少米时,小船就不能通航了?

图7　京杭大运河天津段某抛物线形拱桥

通过讲解本例题,帮助学生感受抛物线在现实生活中的应用,体会用坐标法解决实际问题的思路与方法,提升学生数学抽象和数学建模的能力。

课程育人切入点:爱国主义教育、爱社会主义教育、良好个性品质教育。介绍京杭大运河的建成背景和典型的港口城市——天津的发展历史,借助京杭大运河的文明成果,强化学生的科学人文素养,对学生进行良好个性品质的教育。

4. 结语

在当前素质教育逐渐替代应试教育的大环境下,高中课程育人势在必行,成为高中阶段教育的重要任务之一。在这样的背景下,教师在课堂中结合实际问题设置一些具有育人意义的例题,既可以帮助学生巩固所学的知识、提高解题能力,又可以在解题过程中对学生进行价值观念的渗透。

由于平面解析几何具有自身潜在的课程特征和应用价值,因此,在教学过程中,可以从相关例题中充分挖掘育人元素,并通过教学设计将其有机地融入课程教学,发挥其育人价值,尽可能地降低外界不良信息对学生身心健康的影响。

参考文献

[1] 常姝韵. 新课标下人教 A 版平面解析几何教材分析[D].武汉:华中师范大学,2012.

课程育人背景下提高学生数学核心素养的教学策略探究

数学核心素养是以数学课程教学为载体,基于数学学科的知识技能而形成的重要的思维品质和关键能力,是在数学知识技能的学习过程中形成的、高于数学知识技能的、反映数学学科本质的重要素养。本文以课程育人理念为导向,以高中平面解析几何课程为载体,将课程育人的理念落实到提高学生的数学核心素养方面,讨论提高学生数学核心素养的教学策略。

1. 引言

高中数学课程的总目标是,使学生在九年义务教育数学课程的基础上,进一步提高自身的数学素养,以满足个人发展和社会进步的需要。如:获得必要的数学基础知识和基本技能;提升空间想象、抽象概括、推理论证等基本能力;提升提出问题、分析问题和解决问题的能力;培养数学应用意识和创新意识,力求对生活中蕴含的数学模式进行思考并做出判断;拓宽数学视野,逐步认识数学的科学价值、应用价值和文化价值,形成批判性思维,崇尚数学的理性精神,树立辩证唯物主义和历史唯物主义世界观等。由此可见,在新一轮的教育教学改革中,提高学生的数学核心素养已成为教学导向。数学课程育人与数学核心素养的立脚点都是以落实"立德树人"为根本任务,发展素质教育。如何将二者有效地结合在数学课堂教学中,是广大教育工作者面临的一个重大难题。

数学是一门基础性、工具性学科,学生在学习数学的过程中不仅要掌握基础理论和基础知识,而且要能够运用数学知识解决实际问题,发挥数学学科的工具性功能。在数学课堂中引入育人元素有利于培养学生的爱国情怀、认知能力、探索精神和创新意识,形成螺旋效应。

2. 数学核心素养

一般认为,数学素养是用数学的观点、思维方式和方法去观察、分析、解决问题的能力及其倾向性,包括数学意识、数学行为、数学思维习惯等。数学核心素养是数学素养中最重要的思维品质和关键能力,是人们通过学习数学建立起来的认识、理解和处理周围事物所必备的品质与能力,通常是人们在与周围环境相互作用时所表现出来的思考方式及解决问题的策略。数学核心素养是以数学课程教学为载体,基于数学学科的知识技能而形成的重要的思维品质和关键能力。《普通高中数学课程标准》(2017 年版 2020年修订)明确提出了六大数学核心素养,即数学抽象、逻辑推理、数学建模、直观想象、数学运算、数据分析。数学核心素养反映了数学的基本思想和学生学习数学应具备的关键能力。数学的基本思想在本质上包括抽象、推理和建模,其中抽象是最核心的。

高中数学核心素养虽然在促进教学实践、提升学生综合素质方面具有积极意义,但是受传统教育制度的影响,高中数学核心素养的培养还存在一定的问题。例如,很多教师仍喜欢采用"填鸭式"教学手段,希望通过讲授的方式向学生传输更多的知识和内容,没有充足的时间和充沛的精力尝试教学改革。这种枯燥的教学方式容易导致学生上课注意力不集中,思维跟不上教师的节奏,严重影响了学生对后续知识的学习,不利于学生数学核心素养的培养。

为适应当前的教育教学改革,教育工作者对高中生数学核心素养的培养进行了深入研究和探讨,从学生的角度、课程的角度、评价和应用的角度培养学生的核心素养,以"真情境"为出发点提升学生解决问题的能力,以"双向度"为切入点提升学生的学科思维品质。借助学科知识这一载体,以数学核心素养的培养为课堂落脚点,通过课堂教学影响学生。

3. 平面解析几何教学中数学核心素养的养成路径

依据平面解析几何的课程特点,结合数学核心素养,主要从以下四个方面探讨数学核心素养的养成路径。

1）强化运算能力

高中阶段的学生所学习的内容大多是围绕基础概念展开的深入探究，对基础概念的理解和掌握是学生学好平面解析几何的重要基础。学生在平面解析几何的学习过程中，首先要理解和掌握二维平面图形及其方程之间的关系，否则会因概念不清而理不清思路，做题时无从下笔。因此，教师在讲授基本概念时，要注意不同概念之间的区别和联系，选择不同类型的题目让学生实战练习，使学生深刻理解相关概念，形成完整的知识体系，宏观上把握解题思路和方法，强化运算能力。

【例1】 已知动圆 C 过定点 $A(2,0)$，且与直线 $x=-2$ 相切。

（1）求动圆圆心 C 的轨迹方程。

（2）若过点 $A(2,0)$ 的直线 l 与（1）中所求曲线相交于 P、Q 两点，那么在 x 轴上是否存在一点 N，使得 $\angle PNA = \angle QNA$？若存在，求出点 N 的坐标；若不存在，说明理由。

引导学生思考：

（1）动圆圆心 C 的轨迹满足哪种曲线的定义？（抛物线）

利用抛物线定义求出动圆圆心 C 的轨迹方程。

（2）条件 $\angle PNA = \angle QNA$ 可转化为哪种关系？如何表示？（解题突破口）

条件 $\angle PNA = \angle QNA$ 可转化为 PN 与 QN 的倾斜角互补，即 $k_{PN}+k_{QN}=0$。

在明确上述概念之后，就可以很容易地求出动圆圆心 C 的轨迹为以 $A(2,0)$ 为焦点、以直线 $x=-2$ 为准线的抛物线，结合抛物线中参数的定义可得 $p=4$，所求轨迹方程为 $y^2=8x$。

第（2）问中，已知直线与抛物线相交，且 $\angle PNA = \angle QNA$，求解点 N 的存在性，并求出其坐标。

待上面两个问题都得到解决后，教师可以引导学生继续探究上述结果是巧合还是必然。让学生仿照刚才的过程证明下述结论：

若已知抛物线 $y^2 = 2px$，过焦点 $F\left(\dfrac{p}{2}, 0\right)$ 的任意直线 l 与抛物线交于 P、Q 两点，点 N 为抛物线准线与 x 轴的交点，则 $\angle PNF = \angle QNF$。

思考探究：

（1）抛物线的这一性质对其他圆锥曲线是否成立？

（2）如果在圆锥曲线中过的不是焦点而是一般的点，是否会得到同样的结论？如果存在满足条件的点，它们之间有何关系？

通过上述分析与探索过程，学生的运算能力会得到明显的提升。因此，在讲授例题时，教师要善于引导学生从不同的角度审视问题，培养学生"一题多解"和"一题多变"的探究式学习方法，使学生养成良好的数学思维习惯，从而更好地培养学生的数学核心素养。

2）强化建模能力

数学建模是以现实问题为基础，为达到某个目标，借助一定的数学工具，通过分析问题、找出问题的内在变化规律并使其简化、具体化，从而构建数学模型的过程。解析几何的解析式和数学建模的简化模型相互融合，对解决实际问题具有重要作用。

作为高中数学的重点内容，平面解析几何的学习需要扎实的理论知识作为支撑，在生活和生产实践中具有广泛的应用，这主要是因为平面解析几何的解题过程蕴含着一种重要的思想，即建模思想。利用建模思想可以实现数与形的相互转化，迅速将不熟悉的信息转化为熟悉的内容，从而运用固定的方法求解问题。

【例 2】　已知 A 港口到 B 地经常有货物运输往来，一般先走水路运输，再经陆路运输。其中，水运运费为 30 元/千米、陆运运费为 50 元/千米，且水运最长距离为 200 千米，B 地至水路的垂直距离为 40 千米。现在，为使从 A 港口到 B 地运输的每批货物运费最少，需要新建一个中转码头 C，求中转码头 C 的位置，以及对应的最低运费。

本题先建立平面直角坐标系，以 A 港口为坐标原点，AD 为

x 轴,各点坐标分别为 $A(0,0),D(200,0),B(200,40)$,如图 1 所示。

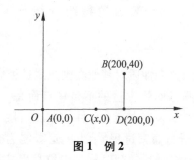

图1　例2

设 A、C 之间的距离为 x,即点 C 的坐标为 $(x,0)$,则 CD 之间的距离为 $200-x$,对 A 港口至 B 地的运费 y 建立模型 $y=30x+50\sqrt{(200-x)^2+40^2}$。

对模型进行化简计算,得 $x=170$,即当 A、C 之间的距离为 170 千米时,运费最低,最低运费为 7 600 元。

3) 强化逻辑思维

数学核心素养要求学生具备一定的思维发散能力,建模思维中的数形结合虽然应用广泛,但在某种程度上限制了学生思维的发散。因此,在平面解析几何教学中还要注意培养学生的发散思维,教会学生利用逻辑关系从侧面对问题求解。

平面解析几何是高中数学中一门独具特色的课程,其学科思想是用代数方法解决几何问题,明确了研究问题的思维逻辑,即研究几何对象的性质及不同几何对象之间的位置关系是对几何对象进行代数化的前提条件。

【例3】　已知椭圆 $C:x^2+2y^2=4$。O 为原点,若点 A 在椭圆 C 上,点 B 在直线 $y=2$ 上,且 $OA\perp OB$,试判断 AB 与圆 $x^2+y^2=2$ 的关系,并证明所得结论。

先对几何对象的几何特征进行分析,画出两个曲线图形,即椭圆 $C:x^2+2y^2=4$ 和圆 $x^2+y^2=2$。由方程可知,它们有共同的对称中心 $(0,0)$,且椭圆与圆相切,如图 2 所示。又由 $OA\perp OB$ 可知 AB 的几何特征,如图 3 所示。

明确几何对象之间的逻辑关系之后,建立坐标系,将几何问题转化为代数问题,再进行代数运算,即可求出直线 AB 的方程,并得出直线 AB 与圆 $x^2+y^2=2$ 的位置关系。

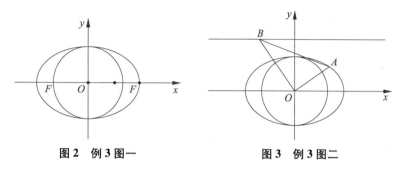

图 2　例 3 图一　　　　　图 3　例 3 图二

此题的求解过程清楚地展示了平面解析几何的逻辑思维过程,通过解题可以强化学生的逻辑思维能力。

4)强化直观思维

高中平面解析几何中绝大多数的方程组和等式均以长、繁为主,因此在解题时往往需要先简化问题,这是对学生运算化简能力的一种考验。运算的化简不仅要求学生掌握深层次的内容,而且要具有扎实的基础知识,能够做到对知识的灵活运用。对一些特殊的题目,可以通过代入特殊值的方式简化解题过程,即直观思维法,这也是数学核心素养的重要组成部分。在平面解析几何的学习过程中,直观思维法经常用在题目的求解阶段。这就需要学生熟练掌握各类曲线的基本特征及其解析式的特殊表达形式,精确化常数,减少未知参数的个数。

【例 4】 已知 $4x\pm2y=0$ 是某双曲线的渐近线,且该双曲线经过点 $M(4,6)$,求该双曲线的表达式。

此题需要从双曲线渐近线的性质和双曲线解析式之间的关系入手,结合已知条件可得 $(4x)^2-(2y)^2=a$,再代入点 $M(4,6)$ 可求出参数 a 的值(运用直观思维法),进而可得到双曲线的表达式。

本题表明,直观思维法有时可以简化求解过程,但是要有足够的基础知识作为支撑。

4. 结语

以课程育人为导向,以高中平面解析几何为载体,探讨对高中生数学核心素养的培养,不仅可以培养学生对数学的学习兴趣和对生活的热情,培养学生的爱国主义情怀和社会责任感,还可以全面提升学生的综合素质,即实现教育的培养目标。

参考文献

[1] 马云鹏,张春莉,等. 数学教育评价[M]. 北京:高等教育出版社,2003:199.

[2] 洪燕君,周九诗,王尚志,等.《普通高中数学课程标准(修订稿)》的意见征询:访谈张奠宙先生[J]. 数学教育学报,2015,24(3):35-39.

课程育人融入高中平面解析几何教学的策略研究

本文在分析高中平面解析几何课程育人优势的基础上,指出课程核心知识中蕴含的育人元素,通过学习活动、课程设计、学习反思等方式,探讨将课程育人融入高中平面解析几何教学的策略,一方面提升学生学习数学的兴趣,培养学生的核心素养,另一方面全方位地提高学生的素质,达到学科育人的目的。

1. 引言

随着我国教育的发展与改革,课程育人已经成为各级各类学校研究的热点。《普通高中数学课程标准》(2017 年版 2020 年修订)(下面简称《标准》)中界定了课程的性质,指出数学教育承载着落实立德树人根本任务、发展素质教育的重任,明确提出了高中数学的基本理念之一是以学生为本、立德树人、提升素养。由此可见,高中课程育人的实施目标与《标准》中培养人的理念是一致的,均是在各学科教学中实现知识传授、能力培养和价值引领的统一。

近年来,教育工作者对数学课程育人进行了研究和探索,从不同角度对课程育人给出了一些指导性建议。开展课程育人应遵循"穿插适时、取舍适量、内容适当"的原则,从课程中蕴含的知识点、数学与生活的结合点、数学历史故事等多个方面入手,借助信息化教学手段,通过在典型案例中融入育人元素,践行课程育人。教师可以从家国情怀、辩证唯物主义思想等方面,立足教材、多维度着力深入挖掘教材中的育人元素,构建专业教育与人才培养相统一的培养模式,借助课程的顶层设计全方位营造课程育人氛围,并加强教师队伍建设,提升学科育人能力,将数学教学与课程育人有效结合,实现课程育人的价值,提升学生的思想认识和品德修养。

2. 平面解析几何课程育人的优势

解析几何体现了数形结合的思想,是促进数学发展的一条新途径,是数学发展史上的一次飞跃,为微积分的创立奠定了基础。它在课程育人的实施方面具有很好的课程优势,主要体现在以下几个方面。

(1)平面解析几何的发展是按照辩证法的规律进行的,其核心知识中充满了辩证唯物主义的观点。通过对核心知识的讲授,可以让学生感悟辩证法的基本规律,引导学生客观地看待物质世界,准确把握人生方向。图1给出了平面解析几何中部分核心知识与辩证唯物主义思想的对应关系。

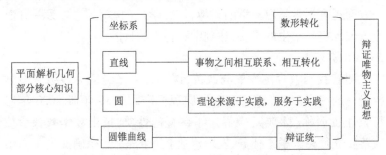

图1 平面解析几何中部分核心知识与辩证唯物主义思想的对应关系

(2)平面解析几何的主要思想是用代数的方法解决几何问题,用代数的方法研究几何图形的性质,体现数学思想和数学方法。平面解析几何与数形结合的紧密程度是高中数学中的其他课程不能比拟的,除此之外,在解决问题的过程中,平面解析几何还体现了其他的一些思想方法。

(3)数学核心素养中蕴含丰富的育人元素。《标准》指出,数学学科核心素养是具有数学基本特征的思维品质、关键能力及情感、态度与价值观的综合体现,是在数学学习和应用的过程中逐步形成和发展的基本素养。其中,思维品质、关键能力及情感、态度与价值观是学科核心素养的"三维结构",只有具有数学基本特征强调数学的过程性、注重思维品质、关键能力、情感、态度与价值观的数学教学,才能发挥好数学学科的内在力量,把发展学生数学学科核心素养的任务落到实处。

【例1】 如图2所示,圆 O_1 和圆 O_2 的半径均为 1, $O_1O_2 = 4$,过动点 P 分别作圆 O_1 和圆 O_2 的切线 PM、PN(M、N 为切点),使得 $PM = 2PN$。试建立适当的坐标系,并求动点 P 的轨迹方程。

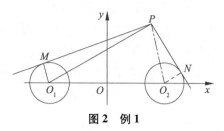

图2 例1

思路分析:本题属于平面解析几何中的求轨迹问题,可根据题意建立坐标系,写出相关点的坐标,结合图形和坐标,将几何关系式 $PM = 2PN$ 转化为代数关系,化简整理即得到动点 P 的轨迹方程。本例题的解题过程利用了数形结合的方法,便于学生理解和掌握。

【例2】 在平面直角坐标系中,已知矩形 $ABCD$ 的长为2,宽为1,边 AB、AD 分别在 x 轴、y 轴的正半轴上,点 A 与坐标原点重合,如图3所示。将矩形折叠,使点 A 落在线段 DC 上。

(1)若折痕所在直线的斜率为 k,试写出该直线的方程;

(2)求折痕的长的最大值。

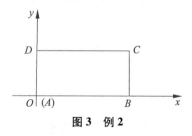

图3 例2

思路分析:利用分类讨论的方法,分 $k = 0$(点 A 落在点 D 处,与点 D 重合)、$k < 0$(点 A 落在点 D 与 DC 的中点之间)两种情况进行求解。分类讨论是指当不能对问题中的对象进行统一研究时,首

先将研究对象按某个标准进行分类,然后对每一类分别研究得出对应的结论,最后综合各类结果得到对整个问题的解答。分类讨论实质上是"先化整为零,再各个击破,最后积零为整"的数学策略,有助于对复杂问题的求解。

【例3】 已知直线$(a-2)y=(3a-1)x-1$。

(1)求证:无论a为何值,该直线总是通过第一象限;

(2)要使直线不过第二象限,求a的取值范围。

思路分析: (1)将直线方程整理为$a(3x-y)+(-x+2y-1)=0$,对于任意实数a,所给直线恒过直线$3x-y=0$与直线$-x+2y-1=0$的交点$\left(\dfrac{1}{5},\dfrac{3}{5}\right)$,即直线总是通过第一象限。

(2)由于所给直线方程中含有参数a,而a的取值会影响直线的位置,因此需要讨论参数a的不同取值对应的直线情况,再找出满足条件的a的取值。本题用到了参数法,即恰当地利用或引进参数,沟通已知和未知之间的内在联系,利用参数提供的信息解决问题。

【例4】 已知条件:① 截y轴的弦长为2;② 被x轴分成两段圆弧,弧长之比为$3:1$。在同时满足条件①和②的所有圆中,求圆心到直线$l:x+2y=0$的距离最短的圆的方程。

思路分析: 设所求圆的方程为$(x-a)^2+(y-b)^2=r^2$,利用题目所给条件确定a、b、r的值,进而得所求圆的方程。本题运用了待定系数法,即先设所求圆的方程,再利用所给条件确定未知系数。

【例5】 两条平行直线分别过点$P(-2,-2)$和$Q(1,3)$,它们之间的距离为d,如果这两条直线各自绕点P、Q旋转并保持互相平行。

(1)求d的变化范围;

(2)用d分别表示这两条直线的斜率;

(3)当d取最大值时,求这两条直线的方程。

思路分析: 首先考虑两种特殊情况,即两条直线斜率为0或斜率不存在时的d的值。其次,考虑两条直线斜率存在且不为0的情况,设直线斜率为 k,先利用两平行直线之间的距离公式将 d 表示为 k 的函数,再利用函数的相关性质求解。本题运用了函数的思想,即利用题目条件建立函数关系,利用函数的性质分析、转化、解决相关问题。

3. 平面解析几何教学中课程育人的融入角度

通过以上分析可知,在平面解析几何教学中融入课程育人具有很强的可行性,且育人内容丰富,因此,广大数学教师要不断增强课程育人意识,深入挖掘课程中的育人元素,多角度寻找在平面解析几何教学中融入育人元素的路径,充分发挥平面解析几何的学科育人功能。

第一,从数学史的角度入手。平面解析几何经历了曲折的发展过程,是由很多数学家通过不懈努力,一步一步发展而来的,其中既有知识的产生与发展,又有数学家们充满挫折和失败的经验。例如,平面直角坐标系是世界数学史上的一朵奇葩,是法国数学家和哲学家笛卡儿受到蜘蛛织网的启发而创立的。经过后人的不断修改和完善,平面直角坐标系对解析几何的发展产生了重大且深远的影响,架起了代数与几何之间的桥梁,如今也已经融入社会生活的各个方面。通过介绍笛卡儿的故事,培养学生求实、严谨的科学态度和勇于探索的科学精神。通过引入数学家曲折的奋斗故事,激励学生不怕困难、敢于挑战、严谨治学。

第二,结合中国古代在几何学方面的突出成就。中国是世界上文明发源地之一,与古埃及、古印度、古巴比伦一起并称"四大文明古国",在绵延不断的文明史中,积累了极其丰富的文化遗产。在多姿多彩的历史文化宝库中,数学是一颗特别璀璨的明珠,在世界数学史上乃至整个人类文明发展史上都光彩夺目,具有极其重要的地位和价值。几何是一门古老的学科,是在人们的生产实践中逐渐发展起来的。流传至今的《墨经》《周髀算经》《九章算术》等都记载了几何方面的很多知识;古代科学家刘徽和祖冲之最早提出计算圆周率的方法,彰显了古人的聪明才智,是中华民族的骄傲,是我们文化自信的源泉;具有"东方第一几何学家""数学之王"

之称的苏步青先生在几何学方面具有突出成就。通过介绍这些事迹,可以激发学生的民族自信心和民族自豪感,厚植爱国主义情怀。

第三,介绍当代前沿的科技成就。闻名全球的射电望远镜"中国天眼"(图4)是我国具有自主知识产权、用于探索宇宙的单口径球面射电望远镜,为推动人类对宇宙的了解与探测以及天文学的发展提供了新的可能。中国"天宫"空间站、"天和"核心舱发射入轨后,运行在距离地表400 km的圆形轨道上。如果"天和"核心舱的运行速度远大于7.9 km/s,那么"天和"的运行轨道就会拉长成为一个椭圆轨道;当"天和"核心舱的运行速度达到第二宇宙速度(11.2 km/s)时,它就会远离地球成为绕太阳运行的人造卫星。

图4 "中国天眼"

4. 结语

在当前的教育教学工作中,课程育人的地位日益凸显,其根本目的是在专业课程中融入育人元素,在向学生传授知识和技能的同时,对其进行价值的引领和塑造,从而更好地完成立德树人的根本任务。

在高中平面解析几何教学中施行课程育人对培养社会主义事业的建设者和接班人具有重要的意义:

(1)有利于帮助学生树立正确的"三观"。高中阶段是青少年学生身心发展的重要时期,也是世界观、人生观、价值观逐步成型和完善的关键时期。学生的重心在学校和课堂,平面解析几何又是高中生的重要学习内容,实施课程育人会对学生的思想产生巨大的影响。

（2）有利于坚定学生的文化自信。对于现在的高中生来说,繁重的学习任务和巨大的升学压力使得他们几乎没有时间去了解中国特有的、优秀的传统文化,尤其是在当前互联网高度普及的情况下,良莠不齐、碎片化的网络信息充斥着学生的课余生活。通过践行课程育人,可以将传统文化与平面解析几何知识进行有机融合,从而帮助学生坚定文化自信。

参考文献

［1］中华人民共和国教育部．普通高中数学课程标准(2017年版 2020 年修订)［S］．北京:人民教育出版社,2020.

平面解析几何融入课程育人的教学设计

课程育人是实现立德树人根本目标的重要举措。迄今为止，高等学校对高等数学课程育人的研究已初见成效，但对于高中数学课程育人还存在许多问题有待进一步解决。以高中平面解析几何课程为载体进行教学设计，将育人元素有机地融入教学过程，有助于推动高中数学课程育人的开展，达到学科育人的目的。

1. 引言

2019 年，中共中央办公厅、国务院办公厅印发的《加快推进教育现代化实施方案（2018—2022 年）》，明确指出实施新时代立德树人工程是推进教育现代化的十项重点任务之首。数学是高中三大基础课程之一，如果能够充分利用其学科特点并将育人元素融入其中，必然会促进立德树人根本目标的实现。

为了响应国家关于推进课程育人、学科育人的号召，高中各学科教师都应把课程育人贯穿始终，围绕教学特点，结合专业知识，进行教学设计，构建全员育人、全时育人、全科育人的教学模式，为培养优秀的社会主义建设者和接班人奠定基础。为此，广大高中教师对课程育人展开了研究，对课程育人元素的挖掘、融入路径等进行了探讨，根据高中生认知发展水平，结合高中课程的学科特色及核心素养的培养目标，从教学理念、教学目标、教学内容、教学方法、教学评价等多个维度和教师、教学内容、学情等多个方面探讨实施课程育人的策略，给出了课程育人的建设路径和实施路径，有效提升了课程育人的效果。

综上所述，为了适应当代教育教学改革的需求，广大高中教师在各科教学中践行课程育人，并取得了初步成果。但是，高中课程育人是一个庞大的、系统化的、与时俱进的工程,仍有许多问题有待教育工作者去发现和解决。

2. 平面解析几何中育人元素的挖掘

高中数学课程的教学目标主要有以下 6 个:① 获得必要的基础知识和基本技能,理解基本的数学概念和数学结论的本质,了解概念和结论产生的背景及其应用,体会其中蕴含的数学思想与数学方法,以及它们在后续学习中的应用。通过不同形式的自主学习和探究活动,了解创造和发现数学的历程。② 提高学生的空间想象、抽象概括、推理论证、运算求解、数据处理等基本能力。③ 提高学生用数学的方式提出、分析和解决问题(包括简单的实际问题)的能力,提升其数学表达和交流的能力,发展其独立获取数学知识的能力。④ 培养数学应用意识和创新意识,力求对现实世界中蕴含的一些数学模式进行思考和做出判断。⑤ 增强学生学习数学的兴趣,树立学好数学的信心,形成锲而不舍的钻研精神和科学态度。⑥ 拓宽数学视野,逐步认识数学的科学价值、应用价值和文化价值,养成批判性的思维习惯,体会数学的美学意义,进一步形成辩证唯物主义和历史唯物主义世界观。在课程目标的导向作用下,高中数学的教学内容、教学设计都应紧紧围绕课程标准,结合学情特点将课程育人贯穿教学活动全过程,培养满足国家、地区和学校发展所需的人才。

就教学内容而言,针对不同的教学目标,可以采取不同的教学设计。针对教学目标①,可由平面直角坐标系的产生和发展联想到数学家勤于钻研、孜孜不倦的求实精神;结合中国在几何学方面取得的突出成就,坚定学生的文化自信,增强其民族自豪感。例如,"圆锥曲线方程"这一节开头的彗星照片和说明:中国科学院紫金山天文台曾发布了一条消息,从 1997 年 2 月中旬起,海尔·波普彗星将逐渐接近地球,1997 年 4 月以后,又将渐渐离去,并预测 3 000 年后,它会再次出现在地球上空。1997 年 2 月至 3 月,许多人都目睹了这一天文现象,那么天文学家是如何准确计算出彗星出现的时间的呢? 原来,海尔·波普彗星的运行轨道是一个椭圆,通过观察它运行中的一些有关数据可以推算出它的运行轨道的方程,从而算出它的运行周期及轨道周长。结合杨利伟乘坐的"神舟五号"载人宇宙飞船成功发射和着陆的过程,激发学生强烈的民族自豪感和求知欲,培养学生热爱祖国、献身科学、勇于探索、追求真理的精神。

针对教学目标②,结合平面解析几何的基本思想及其在实际问题中的应用,提升学生的空间想象、抽象概括、推理论证、运算求解、数据处理等基本能力。例如,用代数方法研究直线与圆时,首先应强调如何确定直线与圆的几何要素,再根据几何要素用代数方法描述直线与圆的位置关系,推导出直线与圆的方程。对于直线与直线、直线与圆、圆与圆的位置关系,也要突出其几何要素。对于两个圆的位置关系,先用代数方法表示确定圆的几何要素(圆心、半径)与确定圆的位置关系的几何要素(圆心距),再用代数关系的几何意义(两圆的圆心距与两圆半径的数量关系表示的几何意义)判断圆与圆的位置关系,即用"几何"引导代数的恒等变换的计算,从而可以提高学生的计算能力。在平面解析几何的学习过程中,还要提倡根据题意画图,而不是把解析几何变成纯粹的代数形式推导,如通过解两个圆的方程构成的方程组可以判断两个圆的位置关系,结合图形可以培养学生的想象能力。

针对教学目标③,在教学过程中应引导学生通过对平面解析几何问题的解决提炼出研究问题的一般方法。这个过程不是要把解题途径模式化和套路化,而是在思维层面上概括出研究问题的一般思路,提高学生解决问题的能力和获取数学知识的能力(如【例1】)。

对于教学目标④~⑥,同样可以选择恰当的知识作为载体,借助教学设计来实现。

【例1】 过定点 $M(4,2)$ 作相互垂直的两条直线 l_1、l_2,与 x 轴、y 轴分别交于 A、B 两点,求线段 AB 中点的轨迹方程。

分析:如图1所示,通过本题的求解过程(略)易知,对几何对象的几何特征的分析越深入,代数化的方法就越简单。对几何图形研究的深度决定了代数化过程运算量的大小。从而归纳出研究这一类问题的一般思路:对几何对象的几何特征进行深入分析之后,再代数化。

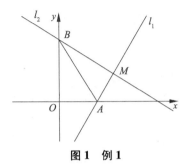

图1　例1

3. 平面解析几何课程育人的教学设计

在依据平面解析几何的课程特点,对课程中的育人元素进行挖掘后,还需借助合理的课堂设计,才能将育人元素有机融入教学过程,发挥课程育人的功能。因此,教学设计对平面解析几何课程育人的顺利开展具有重要作用。下面以平面解析几何的部分知识为载体和主线,探讨对课程育人的教学设计。

1) 直线的一般方程

教学内容:直线的倾斜角与斜率;直线的方程;两条直线的平行与垂直;两条直线的交点及点到直线的距离。

教学要求:理解直线的倾斜角和斜率的概念,掌握并会运用斜率公式;掌握直线的点斜式、斜截式和一般式的方程,能较熟练地根据已知条件求直线方程;掌握并会熟练运用两直线平行和垂直的充要条件;掌握并会运用求两直线交点的方法;熟记并会运用点到直线的距离公式。

教学目标:体会学习内容的意义与方法,培养学生的实践、探究能力,在得到诸多结论后,注重引导学生对其进行归纳、概括;通过直线方程一般式的教学培养学生全面、系统、缜密地分析问题和讨论问题的能力;通过直线方程特殊式与一般式转化的教学,培养学生灵活的思维品质和辩证唯物主义观点;进一步理解直线方程的概念,理解直线斜率的意义和解析几何的思想方法。

教学重点与难点:直线方程的一般式,直线与二元一次方程(一次项系数不同时为0)的对应关系及其证实。

教学方法:讨论法、启发引导法。

教学设计思路:

(1) 问题引入的设计。

由所学内容和所给条件,求解下列直线方程的问题。

【问题1】 求过点$(2,1)$、斜率为2的直线方程,并观察该方程属于哪一类,说明原因。

解答:直线方程为$y-1=2(x-2)$,即$2x-y-3=0$,由于该方程含有两个未知量,最高次数为1,因此属于二元一次方程。

对学生的答案进行肯定,并纠正和完善不恰当或不准确的描述。引导学生思考,如:由此问题你想到了什么? 任意一条直线的方程都是二元一次方程吗?

【问题2】 求过点$(2,1)$、斜率为0的直线方程,并观察方程属于哪一类,说明原因。

解答:直线方程为$y-1=0$,即$y=1$,属于一元一次方程。

【问题3】 求过点$(2,1)$、垂直于x轴的直线方程,并观察方程属于哪一类,说明原因。

解答:直线方程为$x-2=0$,即$x=2$,属于一元一次方程。

启发:你在想什么(或者你想到了什么)? 谁来说说? 各小组可以进行讨论。

学生纷纷说出自己的想法,教师边评价边启发和引导,将学生的解答统一成如下问题。

【问题A】 任意直线的方程都是二元一次方程吗?

【问题B】 任何形如$ax+by+c=0$(其中a、b不同时为0)的二元一次方程都表示一条直线吗?

(2) 主要教学内容的设计。

引入部分让学生思考的问题是本节课的第一个任务,可以采取独立研究、合作研究或分组讨论的形式进行。经过探讨和研究,

教师对学生的解决方法进行归纳和总结,并组织评价,确定最优解答方案:

① 直线的斜率存在时,直线的截距也一定存在,直线的方程可表示为 $y=kx+b$,它是二元一次方程;

② 直线的斜率不存在时,直线的方程可表示为 $x=x_0$ 的形式,它是一元一次方程。

引导思考:引导学生思考一元一次方程是否可以看作二元一次方程,并针对自己的观点给出合理的解释。

结论:在平面直角坐标系中,任何一条直线都有一个表示这条直线的关于 x、y 的二元一次方程与之对应,即直线方程都是二元一次方程,而且这个方程一定可以表示成 $y=kx+b$ 或 $x=x_0$ 的形式。两种形式可以统一表示为 $ax+by+c=0$(其中 a、b 不同时为 0)的形式,【问题 A】得到解决。

启发:任何一条直线都有这种形式的方程。是否还有其他与之相关的问题?

易知,【问题 A】的结论只是直线与方程的关系的一个方面,【问题 B】是其另一方面。利用【问题 A】的讨论过程的逆过程,可以发现,方程 $ax+by+c=0$(其中 a、b 不同时为 0)的系数是否为零对应斜率的不同情况,即

① a、b 都不为 0 时,方程可化为 $y=-\dfrac{a}{b}x-\dfrac{c}{b}$,表示斜率为 $-\dfrac{a}{b}$,在 y 轴上的截距为 $-\dfrac{c}{b}$ 的直线。

② $a=0$、$b\neq0$ 时,方程可化为 $y=-\dfrac{c}{b}$,表示斜率为 0(平行于 x 轴)的直线。

③ $a\neq0$、$b=0$ 时,方程可化为 $x=-\dfrac{c}{a}$,表示垂直于 x 轴的直线。

综上可知,在平面直角坐标系中,任何形如 $ax+by+c=0$(其中 a、b 不同时为 0)的二元一次方程都表示一条直线。因此,称 $ax+by+c=0$(其中 a、b 不同时为 0)为直线方程的一般式。

应用数学软件进行演示,让学生进一步理解任何二元一次方程都表示一条直线。至此,【问题 B】也得到解决。

【问题 A】和【问题 B】一起揭示了直线与二元一次方程的对应关系。直线方程的一般形式是对直线特殊形式的抽象和概括,而且抽象的层次越高,方程越简洁,可以让学生体会到特殊与一般相互转化的辩证关系。

(3) 练习稳固、总结提升、板书和作业等环节的设计。

教师针对讲授的知识点,设计相关的基础练习、巩固提高练习及应用练习,提升学生的运算能力、解决问题的能力和抽象概括的能力。

2) 圆的方程

教学内容:圆的方程;直线与圆的位置关系;圆与圆的位置关系。

教学目标:了解确定圆的条件;理解圆的标准方程的形式及其推导过程,逐步理解如何用代数方法研究几何问题;会用圆的标准方程求出圆的半径和圆心坐标,能根据已知条件写出圆的标准方程,能选择恰当的坐标系解决与圆有关的实际问题;由确定圆的条件推导出圆的标准方程,明确求圆的标准方程的一般步骤;渗透数形结合的思想方法,培养学生的思维品质,提高学生的思维能力;培养学生合作交流的意识及勤于思考、探究问题的精神。

教学重点:已知圆心为 $C(a,b)$,求半径为 r 的圆的标准方程。在求圆的标准方程的过程中,加强对坐标法的理解。

教学难点:根据已知条件,利用待定系数法确定圆的三个参数 a,b,r,从而求出圆的标准方程。

教学方法:讨论法、启发引导法、合作交流法、探究法。

教学设计思路:

(1) 教学内容的引入。

圆的定义 1(描述性定义):平面内一条线段的一个端点绕着另一个端点旋转一周形成的图形。

探究1：圆的几何特征（学生讨论）

教师总结：圆的几何特征是圆上任意一点到定点的距离等于定长。定点叫作圆心,定长叫作半径。

探究2：确定圆的条件（学生讨论）

教师总结：给定圆心位置和半径,圆就可以被确定。所以确定圆的条件是圆心和半径,二者缺一不可,其中圆心决定圆的位置,半径决定圆的大小。

圆的定义2（运动变化的思想）：平面内到一个定点的距离等于定长的点的轨迹的集合。

① 定点叫作圆的圆心,定长叫作圆的半径。

② 设圆心为 $C(a,b)$、半径为 $r(r>0)$ 的圆上的点 M 组成集合 $P=\{M \mid |MC|=r\}$。

探究3：求解曲线方程的一般步骤

① 写出满足条件的点 M 的集合；

② 用坐标表示集合；

③ 将方程化为最简形式。

（2）教学内容的设计。

求圆心为 $C(a,b)$、半径为 $r(r>0)$ 的圆的方程。

设 $P(x,y)$ 为圆上任意一点,根据圆的定义,点 $P(x,y)$ 到圆心 $C(a,b)$ 的距离为 r, 即 $|PC|=r$, 由两点间的距离公式可得 $\sqrt{(x-a)^2+(y-b)^2}=r$, 等式两边平方可得圆的标准方程 $(x-a)^2+(y-b)^2=r^2$。

注：① 当 $a=b=0$, 即圆心在坐标原点时,圆的标准方程为 $x^2+y^2=r^2$；当 $r=1$ 时,圆的标准方程变为 $x^2+y^2=1$（单位圆）。

② 圆的标准方程包含两个要素（圆心和半径）,即三个参数 a、b、$r(r>0)$,由此可知,可用待定系数法求圆的标准方程。

课程育人切入点：在给出圆的标准方程的过程中,运用从简单的、特殊的到复杂的、一般的数学思想,引导学生观察和欣赏圆的方程,体会数学中的对称美和简洁美。通过引入祖冲之对圆周率数值的精确推算,帮助学生树立民族自信心,增强民族自豪感。

3）例题解析

（1）已知两点 $M_1(4,9)$、$M_2(6,3)$，求以 M_1M_2 为直径的圆的标准方程。

此题可用待定系数法先确定圆心和半径，从而确定圆的标准方程（详细过程略）。

（2）已知圆 C 的圆心在直线 $4x+y=0$ 上，且过点 $M_1(4,9)$、$M_2(6,3)$，求此圆的标准方程。

本题是（1）的变式，线段 M_1M_2 的中垂线与直线 $4x+y=0$ 的交点即为圆心，圆心到 $M_1(4,9)$ 或 $M_2(6,3)$ 的距离即为圆的半径，由此可求出圆的标准方程。

（3）已知 $\triangle M_1M_2M_3$ 三个顶点的坐标为 $M_1(4,9)$、$M_2(6,3)$、$M_3(4,-3)$，求此三角形的外接圆的标准方程。

此题也可看作（1）的变式，线段 M_1M_2 的中垂线与线段 M_1M_3 的中垂线的交点即为所求圆的圆心，圆心到点 $M_1(4,9)$、$M_2(6,3)$、$M_3(4,-3)$ 中任意一点的距离即为圆的半径，由此可求出圆的标准方程。

育人元素的切入：为了突破本节难点，由浅入深设计了三个例题，以此激发学生自主探究问题的兴趣，增强应用意识，培养学生勇于探索、坚韧不拔的优良品质。

4）练习测试

求经过点 $P(5,1)$、圆心在点 $C(8,-3)$ 的圆的标准方程。

5）小结

（1）确定圆的条件。

（2）学会圆的标准方程求法，了解其标准方程的形式。

6）问题延伸

（1）已知圆的方程为 $x^2+y^2=r^2$，求过圆上一点 $P(x_0,y_0)$ 的切线的方程。

（2）已知圆的方程为 $(x-a)^2+(y-b)^2=r^2$，求过圆上一点 $P(x_0,y_0)$ 的切线的方程。

育人元素的切入：通过"问题延伸"，让学生带着问题走进课堂,带着问题走出课堂,激发学生求知的欲望,提升学生解决问题的能力。

4. 结语

高中阶段的学生正处于身心发展的关键时期,具有较强的可塑性,作为基础学科的数学,在学生的学习中占有很大的比重,它不仅内容广泛(涵盖代数和几何,其中几何部分又包括平面几何、立体几何和解析几何),而且在时间分配上也占有很大的比重。因此,在高中数学教学中融入课程育人对于立德树人具有重要的作用。由于平面解析几何在代数与几何之间架起了一座桥梁,因此用代数的方法研究几何问题既具有代数的逻辑性,又具有几何的直观性,在育人元素的挖掘与融入方面具有得天独厚的优势。

信息时代的课堂教学会受到多种因素的干扰,如网络信息和游戏等。为了将学生的注意力拉回课堂,教师需要精心进行教学设计。教学设计既要符合教学规律和学生的认知规律,又要使学生获得知识的增长和身心的成长。根据不同学科、不同知识点,按照实事求是、创新思维、突出重点、注重实效等原则,设计合理的教学过程,坚持有效融入的理念,将育人元素有机融入教学的各个环节,有意识、有针对性地对学生践行思想政治教育,最终达到"知识传授、价值塑造、能力培养"三位一体的教学目标。

参考文献

[1] 新华社.中共中央办公厅、国务院办公厅印发《加快推进教育现代化实施方案(2018—2022 年)》[J].人民教育,2019(5):11–13.

第二部分 空间解析几何教学中的课程育人

  2016 年,习近平总书记在全国高校思想政治工作会议上指出:"要坚持把立德树人作为中心环节,把思想政治工作贯穿教育教学全过程,实现全程育人、全方位育人,努力开创我国高等教育事业发展新局面。"此外,他还指出了课程育人的必要性,并为课程育人指明了目标和方向,要求各学科要依据自身特点,结合各自的独特优势和资源,实现育人元素的有机融入。推进课程育人建设,首先要明确"课程育人是什么? 课程育人为什么? 课程育人怎么干?"这三个问题。

  课程育人是什么? 课程育人是高校落实立德树人的根本任务,是铸就教育之魂的理念创新和实践创新。从发展维度看,课程育人是对新时代教师教书育人职责的深化和拓展。新的时代背景下,教师不仅要传授知识,而且要对学生的人格进行塑造,将其培养成对家庭、对社会、对国家有用的人才,要勇于担当和敢于担当。从教育维度看,课程育人是对教育理念的发展,为了达到立德树人的效果,各级各类课程要深入挖掘课程中蕴含的育人元素,并将其有机融入课程教学,实现价值引领、知识传授和能力培养的有机统一。从实践维度看,课程育人不是简单地增加一门课程或一项活动,也不是"去知识化",而是通过优化教学环节,把育人元素有机融入教学的各个环节,实现课程育人和知识传授的有机统一。

  课程育人为什么? 高校是为国家和社会的发展培养高级专业人才的地方,要坚决贯彻党的教育方针,坚持社会主义办学方向。课程育人有助于高校培养社会主义建设者和接班人。扎根中国大地、办一流大学是中国高等教育发展的必然之路,开展课程育人能够彰显中国特色高等教育制度的优势，有效提升人才培养能力，从而推动中国特色世界一流大学的建设。课程育人的主体是学生，构建价值塑造、知识传授、能力培养三位一体的人才培养模式，可以更好地满足学生成长的需求，帮助学生健康成长。

课程育人怎么干？课程育人关系到高校教育改革的方向，必须发挥好学校、学院党委的领导作用。课程育人是一项系统工程，需要层层激发、形成共识，不同学院、不同专业、不同课程要根据自身特色分类推进。作为课程育人的执行者，专业教师要不断加强自身的理论学习，提高对课程育人的认识水平，提升自身的育人能力，充分发挥课程的价值引领作用。

空间解析几何是一门应用代数方法研究平面与空间直线、常见曲面等几何对象的基本性质的数学基础课程，是高等院校数学专业的一门必修课程。解析几何集逻辑、代数、几何三者的优点于一身，是学习数学分析、高等代数、大学物理等课程的基础。为了把育人元素和价值引领等要素巧妙地融入理论性较强又相对抽象、晦涩的数学教学中，针对课程中涉及的数学文化、数学家、定理、定义、公式、性质，甚至符号等内容查阅资料，搜集相关素材，包括名人传记、历史传承、知识延伸、成果转化等，并进行整理、分析，挖掘其背后与专业相关的数学文化、家国情怀和思维创新，在传授知识的同时，帮助学生树立正确的价值观和理想信念。引导学生用辩证的观点处理问题，提高学生在变化中寻求规律的能力，使学生逐渐形成缜密且严谨的思维，这有利于学生深刻理解数学知识的内在实质，准确把握事物发展的方向。空间解析几何教学的基本思想是用代数的方法来研究几何问题。解析几何的许多概念都蕴含着辩证唯物主义的观点、数学家身上所体现的价值观和孜孜不倦地追求科学真理的精神等育人元素，因此，在解析几何的教学中充分挖掘概念中的育人元素，对于解析几何课程育人具有很好的促进作用。

参考文献

[1] 习近平. 习近平谈治国理政(第 2 卷) [M]. 北京:外文出版社,2017.

混合式教学模式下解析几何课程育人的探索

——以空间直角坐标系和空间向量为例

　　随着信息技术的飞速发展和不断革新,传统的教学模式面临着重大挑战,尤其是在新冠肺炎疫情防控期间,传统的线下教学模式受到了一定程度的冲击,面对面的课堂教学暴露出一定的弊端,无法满足不同时间、不同地域学生的学习需求,复杂多变的教学需求要求教师改变传统的教学模式,满足不同人群的学习需求。与此同时,随着计算机的更新换代和"互联网+"技术的发展,信息技术逐渐渗透到社会生活的各个领域,教育信息化成为教育工作者关注的热点之一,由此引发的混合式教学得到广泛应用。本文以空间解析几何课程中的空间直角坐标系和空间向量为载体,多渠道、多角度地挖掘空间解析几何课程中的育人元素,寻找空间解析几何课程与育人元素融合的切入点,探讨混合式教学模式下空间解析几何课程育人的实施路径,旨在促进空间解析几何课程育人的达成效果。

　　2016年12月,习近平总书记在全国高校思想政治工作会议上指出了课程育人的必要性,并为课程育人指明了方向和目标,要求各学科依据自身特点,结合各自的独特优势和资源,实现课程与育人元素的有机融合。如何将育人元素巧妙地融入专业课程的教学过程,成为普通高等院校教学改革的一项重要工作。

　　随着高等教育教学改革的不断深入,课程育人的融入不仅在哲学等人文学科领域受到了关注,在自然科学领域也受到了广泛关注。根据不同阶段学生的身心特点及课程特点,从理论和实践两个方面对课程育人进行了探索,研究内容涵盖中小学数学课程育人及相关举措、职业院校数学课程中育人元素的融合路径、高等学校数学课程中育人元素的挖掘与融入等多个方面,研究成果极大地促进了教育教学改革的发展。

1. 混合式教学模式

混合式教学最初是指线上、线下教学相结合的教学模式,随着信息网络技术的发展,已经演变为"基于先进的通信设备,网络学习环境与课堂讨论相结合的教学情境"。混合式教学是多种方式融合的教学模式,通过对在线平台和网络资源的优化,达到有效提升学生学习深度的目的。它表面上看似"教无定法",实则是对教育资源的最优化处理。

混合式教学具有如下特征:① 表现为线上、线下两种途径;② 线上、线下两种途径均为教学活动不可缺少的环节,线上是线下的预备基础,线下是线上的延伸;③ 线上、线下的混合不涉及具体内容;④ 无统一模式,但有统一目标,即融合线上、线下两种模式各自的优势,对传统教学模式进行优化;⑤ 混合式教学是对传统课堂教学的重构。"线上有资源"是开展混合式教学的前提和基础,利用线上资源可以对课堂讲授内容进行教学前移,满足不同学习时间、不同学习地点的学生的学习需求,使学生意识到所学知识中存在的问题,带着问题进课堂,这样既可以达到解惑的目的,又充分保证了课堂教学的质量。"线下有活动"是混合式教学的必要阶段。教师进行线下的查漏补缺、重点突破,以精心设计的课堂教学活动为载体,帮助学生巩固在线所学的知识并加以灵活运用,从而更好地实现教学目标。

2. 混合式教学模式下解析几何课程育人的必要性

全面推进课程育人建设,帮助学生树立正确的世界观、人生观、价值观,是人才培养的应有之义,更是必备内容。要紧紧抓住教师队伍"主力军"、课程建设"主战场"、课堂教学"主渠道",让所有高校、所有教师、所有课程都承担好育人责任,守好一段渠、种好责任田,实现协同育人。但由于各种主客观原因,迄今为止,我国高校的协同育人机制尚未构建完全,进一步深入推进高校课程育人仍然是高等教育改革的重要工作,这是由于课程育人以全面提高人才培养质量为首要任务,是新形势下思想政治工作创新发展的现实需要。

新冠肺炎疫情防控期间,全球各个行业都受到了很大的冲击,教育行业也不例外,疫情导致教学形式发生了深刻的转变。针对新冠肺炎疫情下"停课不停教、停课不停学"的要求,线上教学成为教育史上重要的变革。但是,完全的线上教学又存在一定的弊端,如代入感降低,由于师生缺乏近距离的互动,教师只能在屏幕上通过声音来传达信息,学生也只能面对着屏幕接收信息,这样的授课方式缺乏情感的交流,不利于对学生的全面培养。同时,完全的线上教学过程中,由于学生和教师处于不同的空间中,教师无法及时获知学生的具体状态,也无法观察学生的注意力是否集中,从而很难达到理想的教学效果。针对上述现象,如果在教学过程中融入育人元素,利用网络信息资源提升学生的学习兴趣,培养其正确的世界观、人生观、价值观,从而调动学生学习的自主性和积极性,就能使上述问题得到解决。因此,混合式教学模式下的课程育人成为教育工作中的关键问题,而作为高校数学三大基础课程之一,解析几何课程既具有代数的逻辑性,又具有几何的直观性,不仅在课程性质方面与课程育人具有较高的契合性,而且在培养目标方面也与课程育人同向同行,为课程育人的实施提供了保障。如何在解析几何教学过程中实施课程育人,解决专业教育和课程育人"两张皮"的问题,是广大数学教师需要思考和探讨的问题。

3. 混合式教学模式下空间解析几何课程育人的探讨

空间直角坐标系是学习空间解析几何的基础,空间向量是学习空间解析几何的基本工具。本文以空间解析几何中的空间直角坐标系和空间向量为例,探讨对空间解析几何教学过程中育人元素的挖掘及其实施路径,为其他章节内容的课程育人提供指导性依据。

1) 育人元素的挖掘

教材只是知识的载体,在教学过程中还需要教师的讲解。知识本身也是一种载体,它承载着某种思想。课程育人的任务是教师通过书本知识,引导学生发现隐藏在知识背后的深刻思想。本文根据解析几何课程既具有代数的逻辑性又具有几何的直观性这一特点,结合"空间直角坐标系"和"空间向量"知识点,从数学文化、家国情怀、辩证唯物主义观点、探究精神、社会情感等方面挖掘育人元素,多方位、多角度地寻找解析几何课程与育人元素融合的切入点,如表1所示。

表1　"空间直角坐标系"与"空间向量"中蕴含的育人元素及课程育人切入点

相关知识点	育人元素	课程育人切入点
空间直角坐标系	爱国主义教育,民族自豪感和"为中华之崛起而读书"的坚定决心;辩证思想	空间直角坐标系的发展;"东方第一几何学家""数学之王"苏步青先生在几何方面的成就及其爱国故事;笛卡儿,直角坐标系的创始人,仰慕中国文化,学习中国的阴阳和八卦;数轴分正负,二维两线将平面分为四个象限,三维三线将空间分成八个卦限,正负阴阳对立,四象八卦轮回,对应空间直角坐标系中的空间划分问题
空间向量	将所学知识与实际生活相联系,培养学生的社会情感	结合物理学中力、位移、速度等的具体背景认识向量,使教学生活化、简单化
向量的加法	培养学生的探究精神	"+"仅仅是一个运算符号,它所代表的规则才是运算的本质;教导学生看问题不应局限于表面,要透过现象看本质

2)课程育人的教学设计

教学目标的达成离不开合理的教学设计,明确了教学目标以后,要围绕教学目标设计教学过程。基于专业课程教学的课程育人在设计教学过程时,应突显学生的主体地位,培养学生的认知、情感、价值观等。本小节在挖掘育人元素的基础上,以"空间直角坐标系""空间向量"和"向量的加法"为例进行教学设计。

(1)空间直角坐标系。

课前,教师利用网络平台发布任务:① 查阅被誉为"东方第一几何学家""数学之王"的苏步青先生的相关资料,了解他在几何学方面的成就和有关他的爱国故事;② 查阅有关中国古代阴阳八卦的资料,了解阴阳八卦的相关知识;③ 查阅直角坐标系的渊源,了解其创始人笛卡儿的相关背景。

教师在课堂上选择适当的时机播放相关视频资料,如在讲授解析几何的发展史时,通过播放苏步青先生的视频资料让学生重温我国数学家的故事,激发学生的爱国主义情怀和民族自豪感,坚定他们"为中华之崛起而读书"的信念;在介绍空间直角坐标系的相关概念时,借助数学软件和多媒体向学生展示动态的空间直角坐标系,结合阴阳八卦图展示并揭示二者之间的联系:数轴的正负对应阴阳;二维两线将平面分为四个象限,三维三线将空间分成八个卦限,对应空间直角坐标系中的空间划分问题,强化学生的辩证思维。

课后,教师通过布置一些有针对性的作业,如利用空间直角坐标系解决一些实际问题,进一步提升学生的知识运用能力。

(2)空间向量。

课前,教师利用网络平台发布任务:物理学中力、位移、速度等的特征,以及这些量与温度、长度、质量、时间等的差异性。

课堂上,教师通过结合物理学中力、位移、速度等的具体背景引出向量的概念,使学生意识到数学来源于生活,是实际问题的简单化,从而主动将所学知识与实际生活相联系。

课后,教师让学生寻找实际生活中与向量有关的例子,强化学生对知识的理解和运用。

(3)向量的加法。

课前教师让学生巩固复习物理学中力的合成、位移的合成、速度的合成等问题,总结这些运算的特征。

课堂上教师根据学生对力的合成、位移的合成、速度的合成等运算规则的理解,抽象出向量"加法"的定义,表示方法为"+",一方面,进一步强调数学来源于生活、应用于生活的事实;另一方面,提示学生"+"只是运算的一个形式,它所代表的规则才是运算的本质。引导学生看问题时不要局限于表面,而是要透过现象看本质,培养学生的探究精神。

4. 混合式教学模式下空间解析几何课程育人的教学过程

教学目标的制定和实施是空间解析几何课程育人的两个主要阶段。在混合式教学模式下,分别依据线上、线下的教学目的和预期效果制定教学目标,确定任务点,如空间直角坐标系及平面划分空间问题,育人内容为加强学生的辩证思维、培养学生的民族自豪感。线上教学的目标是让学生利用网络平台查阅中国古代的阴阳八卦,了解其历史渊源,了解空间直角坐标系的产生与发展历程,带着相应的任务去课程平台上预习课程。在线下教学过程中,教师可以根据课前计划采取多种教学方法,并借助云班课、微信、QQ群等互联网平台辅助教学,将中国传统文化及其对西方近代科学的影响引入课堂,并与空间直角坐标系的知识点相结合,培养学生的辩证思维和民族自豪感,完成课程教学和育人的任务。课后,教师可利用网络平台开展课外拓展,提高学生的综合素质。

此外,在其他教学环节中也可以融入育人元素。例如,点名环节可以培养学生的契约精神和时间观念;对上课不认真听讲的学生可以进行人文素养教育,引导学生尊重他人的劳动,养成良好的学习习惯;组织学生进行小组讨论,培养学生的协作精神;课堂小结环节通过组织学生进行课堂成果汇报,提高学生归纳总结的能力。具体过程如图1所示。

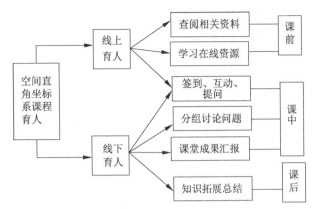

图 1　混合式教学模式下空间解析几何课程育人的教学过程

5. 结语

大一新生刚刚脱离高中阶段的学习与生活,迈入大学校园,其世界观、人生观、价值观均尚未成熟,心理仍处于发展阶段。当他们进入一个崭新的学习和生活环境时,一方面因课业压力大,会产生厌学情绪;另一方面,由于身处思想多元化的时代,容易受社会负能量的影响,从而形成错误的世界观、人生观和价值观。

针对上述现象,对大一新生开展课程育人是当前高等教育教学改革必要的、也是必然的举措之一。随着各大高校课程育人的开展,如何提高课程育人的质量成为当前研究的热点和难点。尤其是当前信息技术爆炸的时代,学生通过网络可以接触各种各样的信息,同时信息技术的飞速发展也为课程育人提供了便利的条件,开展线上、线下混合式课程育人,将网络学习和传统的线下课堂相结合,实现优势互补,有望解决当前课程育人的难题,更好地从多个环节充分挖掘育人元素,帮助学生树立正确的世界观、人生观、价值观,为其后续学习和工作奠定基础。

参考文献

[1]陈婧.论基于混合式教学的高校创新人才培养模式[J].中国人民大学教育学刊,2022(1):87-98.

[2] 卞少辉,赵玉荣. 高校混合式教学环境下学习分析应用策略[J]. 山西财经大学学报,2021,43(S2):135-138.

[3] 俞福丽. 混合式教学模式下高校教师信息化素养提升路径研究[J]. 中国大学教学,2021(3):86-90.

空间解析几何教学中学生创新能力的培养策略探讨

　　根据社会发展对创新人才的需求,探讨在空间解析几何教学中提高学生创新能力的策略,对学生创新能力的培养及空间解析几何的教学有一定的指导意义。

　　中共中央、国务院《关于深化教育改革全面推进素质教育的决定》中曾明确指出:"高等教育要加快课程改革和教学改革,继续调整专业结构和设置,使学生尽早地参与科技研究开发和创新活动,鼓励跨学科选修课程,培养基础扎实、知识面宽、具有创新能力的高素质专门人才。"高等学校是培养创新人才的基地,必须全方位深化教育教学改革,把培养学生的创新能力作为教育教学改革的核心工作。因此,如何在教学过程中培养学生的创新能力受到越来越多的高等教育工作者的关注。

1. 空间解析几何教学现状

　　空间解析几何是高校为数学专业的学生开设的专业基础课程之一。其基本思想是用代数的方法研究几何问题,是平面解析几何、初等几何的深入和发展,是连接高中数学与高等数学的桥梁,起到承上启下的作用。其目标是培养基础扎实、具有创新思维和创新能力的创新型人才。现阶段的空间解析几何教学还不能满足人才培养的需求,面临着许多问题,主要体现在:① 课程设置陈旧,没有跟上高中教改的步伐,教学过程中出现了重复教学的现象,导致课时紧张,一些重点内容无法得到详细讲解,只能一带而过,学生对这些重点知识的学习不足。② 随着高校招生规模的扩大,地方本科院校生源素质呈下降趋势,学生基础普遍薄弱,再加上数学课程本身枯燥乏味,导致学生缺乏学习兴趣和学习主动性。③ 理论与实践脱离,学生认为教学内容太抽象,无法进行深度学习。④考试方式主要采取闭卷考试形式,不利于培养学生的创新思维。针对以上问题,虽然一些高校教育工作者从多个方面对空间解析几何教学改革进行了探讨,并取得了一定的成果,但创新型人才培养方面的策略和建议仍然较少,在培养学生创新能力方面还缺乏系统的理论和经验的指导。在此基础上,本文将创新能力培养与空间解析几何教学相结合,将创造性与创造主体相结合,对在空间解析几何教学过程中如何培养学生的创新能力进行初步的探索。

2. 空间解析几何教学中培养学生创新能力的策略

创新能力就是创造力,是人的一种高层次的心理素质。创新能力的培养必须建立在以学生为主体、教师为主导的基础上,必须在学生主动参与、积极投入的情况下实现。艾曼贝尔认为,创新能力是一种复杂的能力,由创新思维、创新人格和知识技能等因素共同构成。他指出,创新能力包含三个要素:工作动机、有关领域的技能、有关创造性的技能。也就是说,要想有所创造,必须从三个方面努力:掌握专业知识技能;掌握创造性技能;培养创新意识。这三个方面正是创造性教学的基本任务。

1)帮助学生树立信心,激发学生的创造热情

引导学生正确理解创新能力,揭开创新能力的神秘面纱。创新能力不是与生俱来的,而是学习、训练和实践的结果,是可以培养的。每一个学生都具有创造潜能,经过学习和实践都可以具备创新能力。在教学活动中,教师要注重培养学生的创新意识,激发学生的创造热情。

2)督促学生学好基础理论知识,奠定创新基础

在培养学生创新能力的过程中,必须注重其对理论知识的学习。根据艾曼贝尔的观点,专业知识技能是创新能力的重要组成部分。对于空间解析几何专业知识的教学,主要从以下两个方面进行阐述。

第一,要对课程进行准确的定位。空间解析几何作为一门专业基础课程,是学习其他后继课程的基础。通过空间解析几何课

程的学习,学生可以系统地认识并正确理解几何学的基本概念、基本理论和基本方法,为后继课程的学习打下坚实的基础。

第二,引导学生建立合理的知识结构,系统掌握所学知识。引导学生根据知识之间的联系建立知识结构网络,系统、全面地学习和掌握知识,为培养良好的创造性素质和创新思维打下坚实的基础。例如,在对"常见的二次曲面"这部分内容进行教学时,可以重点讲授椭球面的基本性质、图形及研究方法——平行截割法,并在此基础上让学生自己分析并讨论双曲面和抛物面的图形与性质。通过实践,一方面使学生对平行截割法有更深的了解和掌握;另一方面,对这些二次曲面之间的联系进行探讨,在一定程度上有利于学生对知识的掌握。

3)训练学生的创新思维,发展其创新能力

例如,对于空间中的对称问题,可以按照下面的思路一步一步引导学生自己解决。先求出空间一点 $P_0(x_0, y_0, z_0)$ 关于 $P_1(x_1, y_1, z_1)$ 的对称点为 $P_0'(2x_1-x_0, 2y_1-y_0, 2z_1-z_0)$,然后引导学生逐步解决如下问题:

① 求空间一点关于一条定直线的对称点的坐标;

② 求空间一点关于一个已知平面的对称点的坐标;

③ 求空间曲面关于一个定点的对称曲面的方程;

④ 求空间曲面关于一个已知平面的对称曲面的方程;

⑤ 求空间曲线关于一个已知点的对称曲线的方程;

⑥ 求空间曲线关于一个已知平面的对称曲线的方程。

探究问题的解决过程既可以培养学生主动解决问题的能力与探索精神,又可以帮助学生掌握知识之间的内在联系,避免孤立地、片面地学习知识。

4)加强直观性教学,增强学生的空间想象力

空间解析几何中的空间图形比较多,学生如果仅凭借想象去理解空间图形,往往存在一定的困难。如果能借助一些画图软件将空间图形以动态的、直观的形式展现在学生面前,就会给学生耳目一新的感觉,有利于学生对空间图形的理解和掌握。例如,在学

习单叶双曲面$\dfrac{x^2}{a^2}+\dfrac{y^2}{b^2}-\dfrac{z^2}{c^2}=1$的图形和性质时，学生一开始往往很难想象出其空间结构，这时教师可以通过几何画板或 MATLAB 教学软件把一些相关的图形以动画形式连续展现在学生面前，如图 1 至图 4 所示，使学生对单叶双曲面有更加深刻的认识。

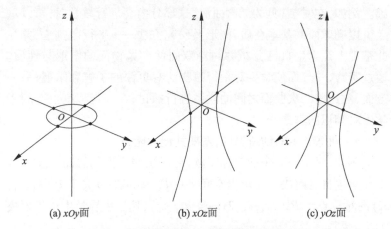

(a) xOy面　　　(b) xOz面　　　(c) yOz面

图 1　单叶双曲面在各个坐标面上的截线

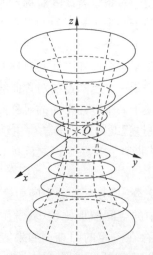

图 2　单叶双曲面被平面 $z=h$ 截割得到的一族椭圆

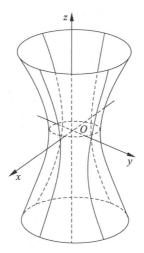

图3　单叶双曲面的图形

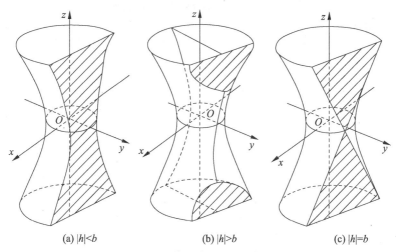

(a) |h|<b　　　　　(b) |h|>b　　　　　(c) |h|=b

图4　平面 y=h 截割单叶双曲面得到的图形

5）改革考试方式,培养学生创新技能

改变单一的闭卷考试的方式,采取多种考试方式相结合的形式。例如,就某一个问题展开讨论;自选一个相关课题,查阅资料、分析研究、撰写相关的研究论文等。学生可以根据自身特点,发挥自己的特长,力求在思想上有所创新。

3. 结语

在空间解析几何教学中,教师既要重视传授知识,又要注重培养学生解决问题和分析问题的能力,培养学生的探索精神和创新意识,实现知识、能力、素质的协调发展,使学生成为适应社会发展要求的创新型人才。基于现阶段大学生的培养目标,本文以空间解析几何课程为载体,根据课程特点,探讨了如何在空间解析几何教学过程中培养学生的创造力和创新精神,这对培养学生的创新能力有一定的指导意义。

参考文献

[1] 吴清华. 应用型本科院校《空间解析几何》课程教学方法的研究[J]. 湖南科技学院学报,2014,35(5):17-18,51.

[2] 段继扬. 创造力心理探索[M]. 开封:河南大学出版社,2000.

空间解析几何课程的研究性教学探索

本文通过分析高等院校的学生培养目标,依据研究性教学的宗旨,讨论如何将研究性教学运用于空间解析几何课程的教学过程中,以期提高学生综合运用知识、分析问题和解决问题的能力,提升学生的思维能力和创新能力,从而在一定程度上推动高等数学教育教学改革的进行。

1. 引言

长期以来,我国的大学本科教育存在许多问题,如:注重教师"教"的过程,而忽视学生"学"的过程,忽视了学生在学习过程中的主体作用;以理论教学为主,实践教学相对薄弱;以知识传授为主,缺乏对学生能力的培养等。这些问题使得大学生的综合素质不高,缺乏批判性思维、想象力和创新能力,在学习和工作中不能将所学的知识与社会实践进行有机结合,难以达到社会对复合型人才的要求。研究性教学则强调学生学习的主体性,可以弥补传统教学的缺陷,使学生不再被动地接受知识,转而积极探索知识。研究性教学在使学生获得探究能力的同时,还会使学生的科学精神和综合实践能力提高、社会责任感增强。

党的十五大提出的《面向 21 世纪教育振兴行动计划》强调:"高等学校要跟踪国际学术发展前沿,成为知识创新和高层次创造性人才培养的基地。"因此,改革高校教学、培养高层次高素质人才已成为当今时代高等教育的核心问题。研究性教学正是适应这一时代要求提出的,它反映了现代先进教育教学的思想和理念,体现了教学与科研之间的内在联系以及时代对人才的要求,对激发学生的学习兴趣与培养学生的学习、研究、创新能力具有积极的作用。其目的是使学生不仅能够掌握系统的科学知识,而且能够综合运用所学知识去发现问题、分析问题和解决问题,学会研究与探索。结合高校的人才培养目标,这一教学方法受到了高校教育工作者的广泛关注。本文根据空间解析几何课程的教学实际及当前教育发展的需要,对高校的解析几何课程的研究性教学进行了积极的探索。

2. 空间解析几何教学及其在学生能力培养中的作用

1) 空间解析几何课程概况

空间解析几何是高校数学专业的一门基础课程,其基本思想是用代数的方法研究和解决几何问题,使空间几何结构代数化,这也是现代数学的主要研究方法之一,是学好数学分析、高等代数、高等几何、微分几何、点集拓扑等课程的前提和基础,也是高中数学平面解析几何相关知识的延伸与推广。近年来,解析几何与其他学科的交叉及综合运用也越来越受到关注。但长期以来,空间解析几何课程的教学中存在一些问题,例如没有与基础教育对接、教学方法单一、课时逐渐减少、人才培养目标不明确等。随着我国高等教育教学改革的不断深入,如何提高高校的教育教学质量成为研究人员关注的主要问题。

2) 空间解析几何课程的学习是提升学生学习能力的重要途径

高校数学专业主要培养具有扎实的理论基础和专业知识、独立分析问题和解决问题的能力,以及开拓创新精神的人才。空间解析几何课程作为高校数学专业的重要基础课程,在培养学生分析问题、解决问题的能力方面具有举足轻重的地位。因此,对空间解析几何课程的教学改革势在必行。

3. 空间解析几何课程的研究性教学实践探索

研究性教学作为一种"以问题和需求为导向"的教学,比传统教学更关注"问题"及其存在的背景与条件,关注解决"问题"的必要性与意义。研究性教学是在寻求解决"问题"的方法的过程中构建教学和学习的方法。

任何一门课程的教学都要围绕教学目的和教学任务进行。空间解析几何的教学目的和教学任务如下:使学生在掌握基本概念的基础上建立空间观念,培养学生的逻辑思维能力、空间想象能力和运用代数方法解决几何问题的能力;使学生能够对解析表达式进行几何解释,为后续课程的学习打下基础。同时,解析几何所具有的较强的直观效果,可以提高学生认识事物的能力,加深学生对高中几何理论与方法的理解,培养学生从较高的角度处理几何问题的能力,为以后的教学科研奠定基础。

1)强调学生的主体作用和教师的主导作用,提高学生学习的积极性和主动性

空间解析几何是对高校新生开设的一门基础课程。大多数学生还没适应新的教学方式,自学能力相对较弱,学习主动性不高,遇到问题时过分依赖老师,尤其在面对高等教育中的一些抽象问题时容易产生畏难心理。因此,教师在教学过程中应从实际出发,激发学生的学习兴趣,注意引导学生利用已学知识探究新的问题。例如,教师在讲授空间平面方程时,先让学生回顾哪些条件可以确定一个平面,这些条件之间有没有关联性,能不能统一化处理,然后一步一步引导学生得出平面的点位式方程。掌握了点位式方程之后,再引导学生自己去求解平面的点法式方程、三点式方程等。最后让学生对这些方程进行整理,总结这些方程中存在的共性,从而抽象出平面的一般方程的概念。这样,学生在平面方程的学习过程中主动探索,教师也注重知识的前后联系,避免了枯燥乏味的讲解,从而提高了学生的学习兴趣,在一定程度上培养了学生主动探索的精神。

2)运用教学软件进行直观教学,培养学生的空间想象能力

空间曲面既是空间解析几何内容中的重点,也是难点,而学生对空间曲面的想象力还很缺乏,借助一些教学软件往往可以达到非常理想的效果。

例如,在教学二次曲面的图形和性质时,教师往往通过平行截割法使学生逐渐了解常见二次曲面的性质及二次曲面的形状,如果仅仅让学生自己去想象,难度较大。倘若能够借助几何画板或

MATLAB 软件逐步将几何图形展现在学生面前,那么学生就会更容易理解。下面以单叶双曲面为例进行讲解,其方程如下:

$$\frac{x^2}{a^2}+\frac{y^2}{b^2}-\frac{z^2}{c^2}=1 \qquad (1)$$

首先,用三个坐标平面截割单叶双曲面,得到三个主截线:腰椭圆 $\begin{cases}\dfrac{x^2}{a^2}+\dfrac{y^2}{b^2}=1\\z=0\end{cases}$ 及两条主双曲线 $\begin{cases}\dfrac{x^2}{a^2}-\dfrac{z^2}{c^2}=1\\y=0\end{cases}$ 和 $\begin{cases}\dfrac{y^2}{b^2}-\dfrac{z^2}{c^2}=1\\x=0\end{cases}$ 。其中,两条主双曲线有共同的虚轴,且虚轴长度相等,腰椭圆的两对顶点分别在两条主双曲线上。

其次,用平行于 xOy 坐标面的平面截割单叶双曲面,得到一族椭圆 $\begin{cases}\dfrac{x^2}{a^2}+\dfrac{y^2}{b^2}=1+\dfrac{h^2}{c^2}\\z=h\end{cases}$ 。分析可知,随着 h 发生变化,椭圆的大小和位置都会发生变化, $|h|$ 越大,椭圆越大,但椭圆的两对顶点始终在两条主双曲线上滑动,这族椭圆就形成了单叶双曲面(1)。由此可知,单叶双曲面可看作是由椭圆的变动(大小和位置都改变)产生的,该椭圆在变动中始终保持所在平面与 xOy 平面平行,且两对顶点分别在两条定双曲线上滑动。通过这一过程的动态演示,学生对单叶双曲面(1)的图形有了直观、生动的认识,能够更好地理解和掌握该曲面的性质和特征。为使学生更加准确地掌握该曲面的性质,分别用平行于 xOz 坐标面和 yOz 坐标面的平面截割单叶双曲面(1),得到两族双曲线,再通过一组动画演示,使学生的空间想象能力得到明显的提升。

3) 注重理论与实践的结合,提升学生的职业技能水平

根据高校数学专业学生的培养目标,其学生将来大多数会从事教学工作,因此教师在授课过程中可以有意识地通过示范培养学生的教学习惯,将一些基本的教学技能、教学方法传授给学生,例如如何恰到好处地表达课堂语言、如何进行课堂导入、如何有效运用多媒体提升教学效果、如何设置问题情境、如何对课堂内容进

行回顾和总结等。学生经过一段时间的积累后,可以进行一些实践训练。实践训练中,教师将学生分成若干个小组并指定组长,让每个小组选择一个课题,组长负责组织小组成员共同备课,分析教学难点和重点,形成内容体系,写好教案。教师检查教案后,在各小组中指定一人分别授课,课后收集教师和同学的反馈意见并修改教案,从而促进学生教学能力的提高。

实践证明,适当使用这种教学方式不仅能够有效弥补传统教学的不足,而且能够提高学生学习的积极性,增强学生学习的主观能动性,帮助学生在学习理论知识的同时锻炼自身的实践能力,为今后走上工作岗位奠定基础。

4. 结语

本文根据高校数学专业学生的培养目标,针对空间解析几何课程的特点,探讨了空间解析几何研究性教学的若干方法。实践证明,研究性教学可以弥补传统教学的不足,有利于培养和提高学生的创新能力与实践能力,对开拓学生思维、提高空间想象力及综合运用知识的能力具有重要的意义。然而,作为一种教学方式,研究性教学本身并没有具体的形式要求,因此只要有利于学生能力的发展,有利于学生科学素养的养成和提高的教学方法,不论是针对教学内容、教学手段,还是针对教学方式,都可以进行研究和实践,并根据学生的反馈意见及教学评价不断对其进行优化。

参考文献

[1] 王兆林,张婷. 高校研究性教学状况调查及对策分析[J]. 中国电力教育,2014(36):33-34.

[2] 谢正,李建平. 空间解析几何教学改革的一些探讨[J]. 赤峰学院学报(自然科学版), 2014, 30 (1):215-217.

[3] 吴清华. 应用型本科院校《空间解析几何》课程教学方法的研究[J]. 湖南科技学院学报,2014, 35(5):17-18,51.

立德树人视域下空间解析几何课程育人的探索

随着高校课程育人的不断推进,学科育人已经成为当前高校教育教学工作的首要任务。作为空间解析几何的主要内容之一,二次曲线的定义及其应用均蕴含丰富的育人元素,探讨育人元素及其与课程教学相融合的切入点,并将其运用于教学过程,对实现立德树人的目标具有一定的指导作用。

1. 引言

课程育人的根本目标是立德树人,基本载体是专业课程。要求根据专业课程结合自身的特点发挥育人的功能,这也是落实立德树人的关键。课程育人要求专业教师在传授知识的同时,将育人元素渗透其中,引导学生将知识内化为个人的品德、修养和价值观,达到课程育人的目的。著名教育家苏霍姆林斯基指出:无论课堂上的教材具有多么充实的政治思想和道德思想,学生在掌握知识的过程中总是把认识的目的放在第一位,知道它、学会它、记熟它,教师也应全力以赴地追求这一点。因此,课程育人是在教育理念层面的突破,它将所有课程的教育功能提升到课程育人的高度,旨在培养学生正确的人生观和价值观。课程育人的现状可总结为以下两点:① 发表的相关文献过少,影响力不够;② 课程育人研究较大部分集中在社科基础教育、行业指导方面,自然科学和工程技术学科方面的课程育人研究则相对较少。为了达到全学科育人的目的,应进一步普及和推广高校课程育人,并使其与专业课程形成协同育人的格局。作为高校基础课程,解析几何中蕴含着丰富的育人元素。专业教师应紧紧抓住解析几何课程教学这一主渠道和主战场,多渠道、多方位地整合教育资源,挖掘课程中的育人元素,促进高等教育教学改革沿着推动中华民族伟大复兴的道路发展。

2. 概念界定

1）立德树人视域下课程育人的内涵

课程育人将育人元素融入各门课程，对学生的思想认识、行为举止产生影响，是一种综合教育理念。它以立德树人为目的、以协同育人为理念、以科学创新为思维，具有立体多元的结构，采用显隐结合的方法，育德于课，履行专业教师的育人职责，实现传道、授业、解惑和价值引领的有机统一。

2）解析几何课程育人的目标

解析几何是应用代数方法研究几何对象的基本性质的一门数学基础课程，是高等院校数学专业的必修课，开设于第一学期。开设该课程，旨在提升学生的科学素养，使学生能够运用数学知识解决实际问题；培养学生的创新意识，使其能够运用批判性思维分析和解决教育科学问题；培养学生严密的逻辑思维，使其形成正确的数学观和数学教育价值观；培养学生的工匠精神，引导学生脚踏实地。解析几何课程兼具基础性和育人性。通过解析几何的教学，教师可以将立德树人与知识技能紧密结合，实现知识传授、能力培养和价值引领的统一。

3. 立德树人视域下解析几何课程育人的教学实践

解析几何集逻辑、代数、几何三者的优点于一身，起着承上启下的作用。一方面，它是学习数学分析、高等代数、大学物理等课程的基础。通过学习解析几何，学生可以掌握解析几何的基本思想和方法；理解向量代数，空间曲面与曲线，平面与空间直线，柱面、锥面、旋转曲面与二次曲面，二次曲线等方面的系统知识。另一方面，解析几何与高中数学（如平面几何、立体几何、平面解析几何）有着密切的联系，学好本课程对有志成为一名优秀的高中数学教师的大学生有着直接的指导作用。教师不仅要传授学生知识、培养学生能力，还肩负陶冶学生情操、塑造学生正确价值观念的使命，因此，教师在授课时要结合课程育人，将价值观渗透到教学过程中，从而达到立德树人、全面育人的目的。

专业课教师对育人理论的了解不足、相关知识储备不够,将直接影响专业课育人功能的发挥。因此,教师在课程育人的过程中,仅靠自身的知识和技能难以把握课程育人的内涵和外延,还需要借助其他力量,如研读党和国家的各项方针政策、唯物辩证法的基本思想及社会主义核心价值观等相关资料,深入理解解析几何课程育人的意义。在此基础上,还要挖掘解析几何课程中的育人元素,进行教学设计,整理成课程育人案例。例如:

二次曲线的切线定义　如果直线与二次曲线相交于相互重合的两个点,那么称这条直线为二次曲线的切线,称这个重合的交点为切点;如果直线在二次曲线上,那么也称它为二次曲线的切线,直线上的每个点都可以看作切点。

此定义采用了极限的思想,因此,在挖掘育人元素时可以结合我国数学家对极限的认识及其发展历史,以此来增强学生的民族自豪感。

在讲授"二次曲线方程的化简"时,利用不同坐标系下二次曲线方程的变化情况,引导学生思考坐标系对二次曲线方程形式的影响以及同一条二次曲线在不同的坐标系下是否具有不同的表达形式,可以选取恰当的坐标系使方程呈现最简形式,即利用数学知识将复杂的现象简单化。

根据化简后的二次曲线方程,将曲线分为三大类:椭圆型(实椭圆、虚椭圆、点椭圆)、双曲型(双曲线、两条相交的直线)、抛物型(抛物线、一对平行的直线、两条平行共轭的虚直线、两条重合的直线)。引导学生思考不同二次曲线方程之间的异同点,了解它们之间的辩证统一关系。同时,引入由炮弹弹道的轨迹计算和透镜的设计引起的对有关曲线和切线的研究,说明二次曲线的使用价值,引导学生学以致用。二次曲线和切线教学中育人元素的挖掘与课程育人切入点如表 1 所示。

表1　二次曲线和切线教学中育人元素的挖掘与课程育人切入点

知识点	案例与事例	育人元素	课程育人切入点
二次曲线切线的定义	①《庄子·天下》中记载："一尺之棰，日取其半，万世不竭。" ② 墨子说："非半弗斫，则不动，说在端。" ③ 刘徽的割圆术："割之弥细，所失弥少，割之又割，以至于不可割，则与圆合体而无所失矣。"	民族自信心与孜孜不倦、自强不息的工匠精神	利用二次曲线切线的本质，即割线的极限位置，介绍极限在中国数学史上的发展历程，揭示我国数学家对数学发展做出的杰出贡献
二次曲线方程的化简	利用坐标变换化简二次曲线方程	数学的价值在于用最简单的形式刻画客观世界	二次曲线方程与选取的坐标系密切相关，随着坐标系的变化，二次曲线的方程也会发生变化，利用坐标变换可以将二次曲线的方程化为最简形式
二次曲线方程的分类	椭圆型、双曲型、抛物型	客观事物之间的相互转化与辩证统一	化简后的二次曲线分为三大类：椭圆型、双曲型、抛物型。它们之间既有区别也有联系，是辩证的统一体
二次曲线切线的应用	炮弹弹道的轨迹计算	学以致用	炮弹弹道的轨迹是一条抛物线

4. 结语

综上所述，解析几何课程中蕴含着丰富的育人元素。教师在授课过程中可以从民族自信心、唯物辩证法、学以致用等方面，多渠道、多角度地挖掘课程中的育人元素，并将其运用于教学过程，达到课程育人、立德树人的目的。迄今为止，对"解析几何"课程育人的探索已经引起了任课教师的关注，在立德树人方面取得了初

步成效,但解析几何课程育人仍存在一些不足之处,主要体现在以下几个方面:

(1)任课教师的课程育人经验不足,育人教学素养有待进一步提高。专业教师往往擅长专业知识和专业技能的传授,在传统文化和育人文化知识方面储备不足,在授课过程中难以将知识传授和课程育人很好地融合起来,从而使得课程育人达不到理想的效果。

(2)学生本身的自我意识、自我修养不够。由于解析几何课程育人仍处于初级阶段,教师更加关注对知识点的讲解,容易忽略学生的个性、情感、态度、价值观等因素对课堂效果的影响,在课程育人过程中难以引起学生情感的共鸣,从而影响了课程育人的最终效果。

(3)现有的课程评价不够精准,形式过于单一。现有的课程评价主要考查学生的课堂参与程度和对知识的掌握程度,缺少对课程育人效果的考查,不利于教师和学生反省与总结。

因此,在实施课程育人的过程中,需要广大任课教师共同努力,以教师为主导、以学生为主体,立德树人,对学生进行价值塑造,使解析几何课程育人更上一个新台阶,促进高等学校课程育人深入开展。

参考文献

[1] 吴菁,李俊奇."课程思政"建设视域下思政教育与工程教育融合路径探析[J].中国建设教育,2019(2):63-67.

[2] 吕林根,许子道.解析几何[M].4版.北京:高等教育出版社,2006.

课程育人导向下空间解析几何教学模式的探讨

课程育人是当前高等教育教学改革的重要任务。在此背景下,本文以空间解析几何课程中的旋转曲面为载体,针对旋转曲面的特征和形成过程,挖掘其中的育人元素,将世界观和价值观教育融入教学过程,并借助数学软件给出相关的教学改革措施,达到课程育人的目的。

1. 引言

课程育人是在立德树人的时代背景下,我国高等教育发展在理念、实践、制度、文化上的创新。探索各类课程与课程育人同向同行,落实立德树人的根本任务成为高等学校教育教学改革的重要任务。高等教育的目的是培养社会主义建设者和接班人,要把立德树人作为检验高校教育工作的根本标准,办成具有中国特色的社会一流大学。

经过几年的探索,人们对课程育人的认识不断深入,实践探索得到了逐步提升,理论研究不断深化,在不同的学科领域取得了显著成效,如育人元素的挖掘、专业课程与育人元素有效融合的路径、课程育人的建设与发展等。但由于专业背景的限制,课程育人仍处于探索阶段,大部分专业课教师在课堂上仍然只注重对课程中的专业名词、方法和原理的讲解,很少涉及对社会主义核心价值观、立德树人的思想的讲解和对学生价值观的引领,从而难以达到学科育人的目的。同时,课程育人的科学内涵和建设规律仍需进一步探讨,专业课程与育人元素的融合路径及课程育人的功能还有待进一步研究。

2. 空间解析几何教学现状

解析几何是高等院校数学类各专业的重要基础课程,是高中几何类课程的延伸,也是后续相关课程的基础。学习该课程有助于培养学生的空间想象力和逻辑思维,提升学生的科研创新能力。传统的解析几何教学在传授知识方面具有重要的作用,但在当前课程育人导向下,空间解析几何教学仍存在一些不足之处,有待进一步改进:① 侧重于对知识的掌握等短期目标,忽视了对思维的培养等长期目标,导致学生的学习兴趣不高;② 侧重于讲授式教学,忽视了对学生空间想象力的培养;③ 教师的主导地位在不同程度上抑制了学生的自主思考,在培养学生的主动性和创造性方面呈现弊端;④ 侧重于对理论知识的教学,缺乏通过知识的讲授培养学生的理性思维和正确价值观的有效途径,导致学生对课程的学习感到迷茫,逐渐产生厌倦心理。

综上所述,空间解析几何的教学改革是高等教育教学改革中的一项重要任务。因此,在当前课程育人的背景下,要紧密围绕国家高等教育教学改革中的立德树人这一根本任务,进一步践行学科育人、协同育人的理念,实现知识传授、价值塑造和能力培养的统一。

3. 空间解析几何教学中育人元素的挖掘与融合

本文以空间解析几何中的二次曲面为例,探索解析几何教学过程中育人元素的挖掘及融合路径。

定义 在空间中, 一条曲线 C 绕定直线 L 旋转一周所形成的曲面 S 称为旋转曲面(或回转曲面),如图 1 所示。C 称为曲面 S 的母线,L 称为曲面 S 的旋转轴,简称轴。

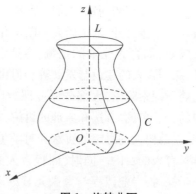

图 1 旋转曲面

　　在讲授该定义时,教师应注意强调旋转曲面的形成取决于旋转轴和母线,且其中任何一个发生变化,都会形成不同的旋转曲面。

【例1】　当旋转轴为 z 轴时,母线 $\begin{cases} x=0 \\ y=1 \end{cases}$ 围绕旋转轴旋转得到的旋转曲面是圆柱面 $x^2+y^2=1$;母线 $\begin{cases} x=0 \\ y+z=1 \end{cases}$ 围绕旋转轴旋转得到的旋转曲面是圆锥面 $x^2+y^2-z^2=0$。

【例2】　xOy 面上的椭圆 $C:\begin{cases} \dfrac{x^2}{a^2}+\dfrac{y^2}{b^2}=1 \\ z=0 \end{cases}$ $(a>b)$ 分别绕其长轴(x 轴)和短轴(y 轴)旋转,所得旋转曲面的方程为 $\dfrac{x^2}{a^2}+\dfrac{y^2}{b^2}+\dfrac{z^2}{b^2}=1$ 和 $\dfrac{x^2}{a^2}+\dfrac{y^2}{b^2}+\dfrac{z^2}{a^2}=1$,分别称为长形旋转椭球面(图 2a)和扁形旋转椭球面(图 2b)。

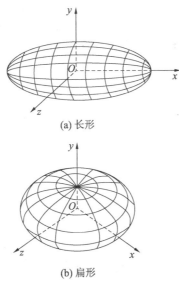

(a) 长形

(b) 扁形

图 2　旋转椭球面

【例3】 yOz 平面上的双曲线 $\begin{cases} \dfrac{y^2}{b^2}-\dfrac{z^2}{c^2}=1 \\ x=0 \end{cases}$ 分别绕虚轴(z 轴)和

实轴(y 轴)旋转,得到两个旋转曲面 $\dfrac{x^2}{b^2}+\dfrac{y^2}{b^2}-\dfrac{z^2}{c^2}=1$ 和 $-\dfrac{x^2}{c^2}+\dfrac{y^2}{b^2}-\dfrac{z^2}{c^2}=$

1,分别称为单叶旋转双曲面和双叶旋转双曲面,它们的图形分别如图 3a 和图 3b 所示。

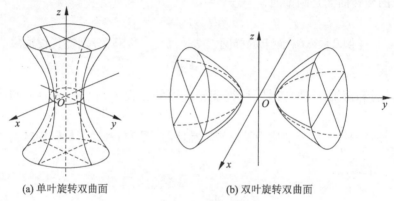

(a) 单叶旋转双曲面　　　　　　(b) 双叶旋转双曲面

图 2.5.3　旋转双曲面

如果用母线表示个人的特征,用旋转轴表示行为的方向,那么生成的旋转曲面就是某一个体在一定行为指引下走出的人生,由此可以挖掘与母线和旋转轴相关的育人元素,塑造学生的价值观和人生观。例 1 可以引申为不同特质的人在同一行为指引下的人生。当人们具备不同的特质时,即使方向一致,也会走出不一样的人生。例 2 和例 3 则意味着同一个人(同一母线)若选择不同的行

为准则(旋转轴),就会有不一样的人生。如果把母线 $\begin{cases} \dfrac{y^2}{b^2}-\dfrac{z^2}{c^2}=1 \\ x=0 \end{cases}$ 视

作一个人,z 轴代表家庭,y 轴表示事业,那么一个人围绕家庭旋转和围绕事业旋转得到的结果是不同的。

因此,在旋转曲面的讲授过程中,教师通过挖掘育人元素,可

以引导学生选择正确的人生道路,坚持学习、不断提升自身素质和修养,做一个有益于社会、有益于国家、有益于人民的人,从而达到课程育人的目的。此外,旋转曲面的形成也离不开母线和旋转轴(方向),这意味着人的一生要有追求、有目标、有方向。引导学生要加强政治理论学习,增强对党的创新理论的政治认同、思想认同和情感认同,坚定"四个自信",从而成长为优秀的社会主义建设者。

在讲授旋转曲面的形成过程时,可以把"动"的思想引入其中,借助 MATLAB 等数学软件演示曲线旋转这一动态过程,激发学生对数学的学习兴趣,提高学生的观察能力、分析和解决问题的能力以及创新能力。

结合具体的示例,引导学生发现生活中的旋转曲面。上课之前教师可以播放神舟飞船发射的短视频,借助媒体技术、图文、音频等资料让学生对旋转曲面有直观的认识,增强教学的实效性。同时,提醒学生注意观察航天器的外表面形状及其与旋转曲面的关系,借此强调我国航天事业的瞩目成就,激发学生的民族自豪感,增强学生的爱国主义信念。

4. 结语

在课程育人的大背景下,各专业课程要与课程育人同向同行、协同育人,这是国家关于高等学校教育教学改革的重要举措。各专业教师在加强学习专业知识的同时,也要不断提高自身的政治素养,为专业课程教学中育人元素的挖掘与融入提供必要的前提和基础。在讲授过程中,要多方位、多角度地挖掘育人元素,并根据需要灵活调整教学内容,设计教学模式,从而达到课程育人的目的。

参考文献

[1] 吕林根,许子道. 解析几何[M]. 5 版. 北京:高等教育出版社,2019.

[2] 孙玉芹,刘爱兰. 课程思政背景下解析几何课程教学改革的探索[J]. 现代职业教育,2021(36):38-39.

空间解析几何教学中育人元素挖掘的有效机制与融合路径的探讨

课程育人是当前高等教育改革的重要任务,是立德树人的重要途径。解析几何是高校的重要基础课程,教师在教授该课程时需结合课程特点,挖掘其中的育人元素,探索将育人元素有机融入课程知识的路径,这对于课程育人具有举足轻重的作用。

1. 引言

解析几何是高等学校数学专业的一门重要基础课,是数学专业课的基石,对整个数学的发展起着非常重要的作用。空间解析几何利用代数的方法研究几何问题,基本工具是向量,基本方法是坐标法,利用向量和坐标把数学的基本对象与数量关系密切联系起来。

党的十八大以来,习近平总书记强调:"要把立德树人内化到大学建设和管理各领域、各方面、各环节,做到以树人为核心,以立德为根本。"为贯彻这一精神,各高校相继开展教学改革,将课程育人融入专业课程,从不同层面、不同角度进行课程育人。各学科作为相对独立的知识体系,是近代学术发展的产物,体现了现代文明。人才培养要以学科为基础;学科教学传授系统知识,使人们获得长足发展。同时,学科课程是学校课程的主体,占据学校课程的中心位置。学科育人是学校育人的基本途径,是学校落实立德树人根本任务的具体方式。最重要的是,学科的育人功能是通过学科教学实现的。因此,课程育人在高等教育改革中可行且必行,是高等教育发展的必然趋势。但是,受到专业背景的限制,课程专业教师在育人元素的挖掘方面尚存在一定的困难,育人能力需要进一步提升。作为高等教育改革的核心力量和骨干力量,高校教师是落实课程育人、实现立德树人的主力军。如何有效挖掘专业课程中的育人元素、逐步形成日趋完善的协同育人格局,是高校教师共同面临的问题。

2. 专业课程中挖掘育人元素的有效机制

2020 年,教育部印发的《高等学校课程思政建设指导纲要》明确指出:"要深入梳理专业课教学内容,结合不同课程特点、思维方法和价值理念,深入挖掘课程思政元素,有机融入课程教学,达到润物无声的育人效果。"因此,育人元素的挖掘是实施课程育人的前提和基础。在挖掘育人元素时,需要克服认知不深、能力不足、机制不完善等方面的问题,发挥课程育人的功能。

1)深度思考、终身学习,克服认知不深的问题

专业教师对育人理论的认知深度决定了其在专业知识讲授过程中对育人元素挖掘的深度和广度,进而影响课程育人的实施。为此,各专业教师可多角度、多层次、多渠道、坚持不懈地学习教育教学理论,获取课程育人的知识,并对其进行归纳总结,发现具有普遍指导意义的育人方法,将其运用于教学过程,从而提升课程育人的认知深度。

2)提高专业育人水平,克服能力不足的问题

作为挖掘课程育人元素的主力军,高校专业教师是否具备育人元素的挖掘能力对课程育人能否顺利实施具有举足轻重的影响。目前,高校教师育人能力不足主要表现在两个方面:一方面,教师的思想政治素质不够高;另一方面,教师将育人元素融入课程教学的能力不足。课程育人的顺利开展既需要教师具有较高的专业水平、思想觉悟和政治水平,也需要教师具有较高的课堂组织能力,能够将育人元素有机地融入学科教学。

高校专业教师应克服心理上的畏难情绪和行动上的不作为,加强自身学习,从专业造诣和思想政治方面提高自身修养,通过"以老带新"的帮扶形式克服育人能力不足的问题,全面推动课程育人的实践工作。

3）健全课程育人体制，克服机制不完善的问题

全面推进课程育人建设、健全课程育人体制和机制是当前高等教育教学改革的重要课题。可从以下几方面展开：加强课程育人的顶层设计、教学模式探索、课程开发及教师队伍建设，构建多位一体的课程育人机制；建立纵向贯通、横向融合的统筹机制和灵活多样的教师培训机制，加大经费投入，构建全方位的保障机制；开展竞赛、项目活动，建立系统、全面的评价体系，构建激励导向的课程育人评价机制；从宏观和微观、主观和客观等方面健全课程育人体制，在统筹领导、教师主导、经费保障等方面为课程育人保驾护航，克服机制不完善的问题。

3. 课程育人元素的融合路径

课程育人不是对思想政治理论课程的简单补充，而是将育人内容有机地融入专业课程，是对思想政治理论课程的进一步深化。因此，将育人元素巧妙地融入专业课程是课程育人的关键步骤。

1）寻找切入点，实现有机融合

首先，找准育人元素与专业内容相结合的切入点。遵循"育人"与"专业"相长原则，明确每个育人元素与专业内容的切入点，将育人元素融入专业内容的教学过程，做到育人元素与专业内容有机统一。其次，寻找现实问题的切入点。根据学生的认知状况和学业水平，引导学生思考与所学知识相关的热点问题，促进"育人"与"专业"相长，实现课程育人的目的。

2）创新教育理念，提高重视程度

加强对课程育人的宣传，将课程育人作为新时期高等学校教育教学改革的核心内容之一，为专业课的协同育人奠定基础，促进高校教育教学改革的发展。

3）强化育人素养，提升育人能力

对教师进行素质培养，加强思想政治理论教师与专业教师之间的交流，推动专业课与思想品德教育协同育人。

4）优化教学内容，构建协同教学课程体系

根据学生的思维现状及生活实际，优化教学内容，以专业知识

为问题导向,引导学生思考,将立德树人根本任务落实到具体教学内容中。根据专业课和课程育人的切入点,进行协同育人的课程体系设计,达到协同育人的目的。

5）强化顶层设计,完善育人格局

在课程育人的实践过程中,要明确学校各级领导、各部门在课程育人教学改革中的主体责任,明确所有课程、所有教师都应承担育人职责、发挥育人功能。

教师在空间解析几何的教学过程中,不仅要把理论知识传授给学生,而且要把理论知识中蕴含的数学方法、数学思想传授给学生,引人以大道,启人以大智。通过案例分析培养学生的观察能力、分析和解决问题的能力、初步的科研能力和创新能力,例如把解析几何内容与高等代数相关内容结合,进行知识的体系化教育。注重"动"的思想,借助数学软件演示线、面的形成过程,增强学生的感官认识,加深学生对知识的理解和掌握。同时,挖掘相关知识中的育人元素,使学生在潜移默化中升华,逐步形成正确的世界观、人生观、价值观。

【案例】　空间直线的方程

根据确定直线的不同几何条件(如两点确定一条直线、一个点与一个方向确定一条直线)等,可以得到不同形式的直线方程。空间直线也可以看成两个平面的交线。

（1）直线的点向式方程。

确定直线方程的一个简单方法是利用一个点和一个方向:在空间给定一点 $P_0(x_0, y_0, z_0)$ 与一个非零向量 $v(X, Y, Z)$,则过点 P_0 且平行于向量 v 的直线 L 就被确定且唯一。向量 v 叫作直线 L 的方向向量。显然,任一与直线 L 平行的非零向量均可作为直线 L 的方向向量。

在讲授此定义时,要抓住直线的两个要素(即点和方向),引导学生思考:若点固定,则方向的变化是否会引起直线方程的变化。

育人元素:点、方向、直线。

育人元素的融合:点相当于一个人所处的起点,方向相当于一个人的奋斗目标,直线相当于一个人的人生道路。由此可结合学生的短期目标、长期目标、人生道路等,对学生进行价值塑造。人的一生由一段段历程组成,每一段历程表示一条直线,需要一个起点和一个方向。站在一个起点上,只要找到了方向,就能开始一段新的征程。方向的选择非常重要,决定了一个人走什么样的道路。但方向不是一成不变的,可以根据具体情况随时调整。比如,对于刚进入大学的同学,如果只想要每门功课及格,那么他就为自己选定了一个方向;如果准备考研继续深造,那么他就为自己选定了另一个方向。经过一段时间的学习,有的同学在学习数学的过程中发现自己对计算机技术领域很感兴趣,于是开始准备转专业,确定了下一阶段的方向和目标;随着对数学学习的深入,他意识到数学的基础性和重要性,于是对数学重新产生了浓厚的兴趣,不准备转专业了,而决定考研,这样他又确定了一个新的方向,选择了一条新的道路。由此可见,一个人的成长过程就是不断调整方向、选择道路的过程。每个人都可以通过不断健全认识、提升认识,形成正确的世界观、人生观、价值观,从而走上正确的道路。

(2)直线的两点式方程。

设直线 L 通过空间两点 $P_1(x_1,y_1,z_1)$ 和 $P_2(x_2,y_2,z_2)$,取 P_1 为定点,$\overrightarrow{P_1P_2}$ 为方向向量,则可得到直线的两点式方程为 $\dfrac{x-x_1}{x_2-x_1}=\dfrac{y-y_1}{y_2-y_1}=\dfrac{z-z_1}{z_2-z_1}$。

在讲授该定义时,教师可指出决定直线方程的两个要素:两个不同的点。

育人元素:直线上两个不同的点可理解为一个始点、一个新点。

育人元素的融合:已知点表示学生刚升入大学所处的平台,可理解为始点;新点为下一个目标。始点的周围有无数个新点,一旦选定其中一个,直线方程就确定了。但是,如果学生在原地不动(停留在始点),就无法形成直线,也就没有出路。只有选择了方向,才有出路,才有前程。学生从不同的高中升入同一所大学,进入同一个班级,拥有相同的教师、课程和资源,因此可以认为他们具有相同的始点。进入同一个平台以后,每个人会结合自己的学习、生活和未来发展规划选择一个目标(新点),形成一段自己的成长历程。引导学生在选择新点的时候要敢于创新,一旦选择好新点(目标),就要以坚韧不拔的意志勇往直前。

4. 结语

课程育人本身就意味着教育结构的多元化,即实现知识传授、价值塑造和能力培养的统一。因此,在专业课程理论知识的讲授过程中,深入挖掘课程中的育人元素,并将其有机融入授课过程,是课程育人的关键步骤。教师在授课时需要联系专业知识和思想政治理论内容,紧密结合学习、观察、实践、思考,用科学思维、创新思维和唯物辩证法推动课程育人的发展。

参考文献

[1] 习近平. 习近平谈治国理政(第 2 卷)[M]. 北京:外文出版社,2017.

[2] 中华人民共和国教育部. 教育部关于印发《高等学校课程思政建设指导纲要》的通知[EB/OL]. (2020-05-28)[2021-02-18]. http://www. moe. gov. cn/zhengce/Zhengceku/2020 - 06/06/content_5517606. htm.

多目标引导下空间解析几何课程育人评价体系的实践探索

　　课程育人是新时代高等教育教学改革的重要任务，是一个新的教育理念，目的是立德树人，培养合格的社会主义建设者和接班人。对高校新生开设的空间解析几何兼具代数的逻辑性和几何的直观性，具有丰富的育人元素。本文以球面和单叶双曲面为切入点，深入挖掘其中蕴含的育人元素，并将其融入教学内容，建立多目标引导下空间解析几何课程育人的评价体系，对育人效果进行评价，全面推进高校课程育人的进一步发展。

1. 引言

　　目标引导法的本义是一种与学习目标相关联的，使学生向特定目标行动的方法。该方法旨在通过课堂教学中对问题结论的目标引导，培养学生明确的目标意识，提升学生从结论中寻求答案的能力。在教学过程中，目的明确、思维清晰、始终如一地为结论去寻求方法，可以帮助学生克服学习的盲目性和无助性，达到事半功倍的效果。

　　在新的时代背景下，对高校课程育人进行客观、合理的评价不仅是落实立德树人根本任务的重要环节，也是高校课程育人建设亟须解决的问题。高校课程育人的目标是培养合格的社会主义建设者和接班人，要求他们不仅掌握扎实的基础理论知识和技能，而且具有正确的价值观、情感和态度。因此，高校在构建课程育人教学效果评价机制时，要深入贯彻"坚持科学有效，改进结果评价，强化过程评价，探索增值评价，健全综合评价"的原则，采取多维分析思路，以多目标为引导，涵盖知识和技能、过程和方法、价值观、情感和态度等多个方面。

2. 多目标引导下空间解析几何课程育人的评价体系

1）多目标引导下课程育人的评价体系

多目标引导下高校课程育人的评价体系对全面实施课程育人、检验课程育人的教学质量、促进育人成效具有重要作用，是判断高校课程育人建设成效是否显著的重要依据。

（1）贯穿教学全过程，涵盖教学全要素。

课程育人是一项系统工程，既涉及知识的传授，又涉及人才的培养。课程育人建设要与整体教育教学改革协同发展，统筹规划，有机融入人才培养体系，贯穿解析几何教学的全过程，如培养方案、教学大纲及课堂教学等；通过分解目标、选择案例、嵌入育人元素、优化教学方法等相关措施，构建多目标引导下的解析几何课程育人体系。

（2）强化分类指导，实施因材施教。

不同于专业知识具有显性教育的特点，课程育人具有隐性教育的特点。在建设过程中，要统筹考虑不同课程的专业特点和不同学生的身心特点。不同专业的课程蕴含的育人元素有所差异，课程育人建设过程中要充分挖掘与专业知识相关的育人元素，做到因材施教，充分体现专业课程的内在育人价值。同时，要针对学生的个体差异（包括知识水平差异和身心发展差异），制定个性化的课程育人方法与评价方法。

（3）加强教师队伍建设，打造课程育人主力军。

课程育人的成效很大程度上取决于教师。教师既是知识的传播者，也是思想的传播者，还是课程育人的主力军。为切实做好课程育人建设，实现学科育人的功能，就要打造一支高质量的教师队伍，使每一位教师充分熟悉所讲授的知识内容，充分了解其内涵和外延，为课程育人奠定基础。教师在课堂上的所有表现都会在潜移默化中影响学生，学生一旦从心理上接纳了任课教师，课程育人就会达到事半功倍的效果。

（4）注重学生的主体地位，建立多位一体的评价体系。

学生是课程育人的主体，是知识和思想的直接接收者。通过参与评价，学生可以获得直接的、客观的评价信息。注重学生对课程育人的评价，不仅是落实以学生为本的教学理念的要求，而且是落实立德树人根本任务的要求。学生的评价是多元的、多维度的，但也有一定的局限性。不同专业背景的学生，对课程育人内容的理解会有所不同。构建学生参与评价、教师自主评价、同行专业评价、行政督导评价等多位一体的多元评价体系，避免了单一评价带来的片面性，全方位、多角度地对育人效果进行评价，增强了其客观性，可以有效提升育人效果。

2）案例分析

（1）育人目标。

① 知识传授方面，要求学生了解空间曲面及其方程的概念，掌握数与形之间的对应关系，掌握常用二次曲面的标准方程。

② 能力培养方面，要求学生会求常用曲面的方程，能够描绘常用二次曲面的图形，提高解决问题的能力。

③ 价值塑造方面，培养学生的爱国情怀、工匠意识和学以致用的能力，坚定学生的文化自信，增强学生的民族自豪感。

④ 实践创新方面，培养学生的实践能力，增强学生的创新意识。

在空间中建立直角坐标系之后，曲面 S 是动点按一定规律运动的几何轨迹，曲面上的点具有某种几何特征（限制条件）。这种特征用坐标 x, y, z 之间的关系式来表达，则曲面 S 就可以用一个含有动点坐标 x, y, z 的三元方程表示，即

$$F(x, y, z) = 0 \qquad (1)$$

定义 1 如果曲面 S 上任意一点的坐标都满足方程（1），则称方程（1）为曲面 S 的一般方程；反之，如果坐标满足方程（1）的点都在曲面 S 上，则称曲面 S 为方程（1）的图形（图 1）.

曲面及其方程涉及多种常见的二次曲面，如球面、柱面、椭球面、双曲面、抛物面等。这些曲面在生活中都有相关的实例，由此

可以挖掘其中蕴含的育人元素。

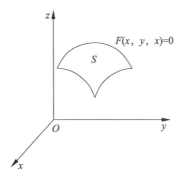

$$F(x,\ y,\ x)=0$$

图1　曲面与方程

【例1】　（球面方程）在空间中，一动点 $P(x,y,z)$ 在运动时，到定点 $P_0(x_0,y_0,z_0)$ 的距离始终保持定常数 r 不变，这个动点的轨迹（几何图形）称为球面。球面方程为

$$(x-x_0)^2+(y-y_0)^2+(z-z_0)^2=r^2 \qquad (2)$$

其中，$P_0(x_0,y_0,z_0)$ 称为球面的球心；r 称为球的半径。

（2）育人元素。

① 球面。

育人元素融入路径：a. 与实际生活相联系。球面是日常生活中最常见的曲面之一，如足球、篮球、乒乓球等的表面都是球面，在建筑、雕塑和艺术作品中也经常能见到它的身影。b. 与美学相联系。球面是体积相同时表面积最小的曲面，被誉为最匀称、最优美的几何图形。c. 与我国综合国力和技术水平相联系。我国具有自主知识产权的"中国天眼"射电望远镜，是目前世界上口径最大、精密度最高的单天线射电望远镜，灵敏度达到世界第二大单口径球面射电望远镜——美国阿雷西博望远镜的 2.25 倍以上，这反映了我国的综合国力与技术实力越来越强大，已在多个领域走在了世界前列。d. 与知名人物相联系。"中国天眼"总设计师二十二年如一日，攻克了"中国天眼"射电望远镜建造过程中一个又一个前所未有的难题。

达成目标：通过理论知识的讲授，使学生掌握球面的概念及其方程。与实际生活相联系,让学生意识到球面应用的广泛性,提升学生的空间想象力,学以致用。与美学相联系,培养学生的数学美,提升学生的实践能力和创新能力。通过"中国天眼"的介绍,增强学生的民族自信心和民族自豪感,激励其为中华民族的伟大复兴而发奋学习。通过"中国天眼"总设计师爱岗敬业、精益求精的工作精神,引导学生要有责任和担当,要有奉献精神。

评价体系:综上所述,对球面的讲授可通过多个层面建立多位一体的评价体系,如:是否掌握球面及其方程;能否将球面学以致用;是否对学生的价值塑造发挥了作用。可编辑一些测试题,让学生进行测试,并对结果进行分析。

定义 2 在直角坐标系中,方程

$$\frac{x^2}{a^2}+\frac{y^2}{b^2}-\frac{z^2}{c^2}=1(a,b,c>0) \qquad (3)$$

所表示的曲面称为单叶双曲面,方程(3)称为单叶双曲面的标准方程。

为考查单叶双曲面(3)的形状,用三个坐标平面 $z=0$,$y=0$ 和 $x=0$ 截割曲面(3),所得截线依次为椭圆、一对具有共同的虚轴和虚轴长的双曲线,如图 2 所示。

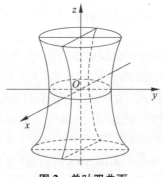

图 2 单叶双曲面

用平行于 xOy 坐标面的平面 $z=h$ 去截割单叶双曲面(3),截线为椭圆,即

$$\begin{cases} \dfrac{x^2}{a^2}+\dfrac{y^2}{b^2}=1+\dfrac{h^2}{c^2} \\ z=h \end{cases} \tag{4}$$

用平行于 xOz 坐标面的平面 $y=h$ 去截割单叶双曲面(3),截线为

$$\begin{cases} \dfrac{x^2}{a^2}-\dfrac{z^2}{c^2}=1-\dfrac{h^2}{b^2} \\ y=h \end{cases} \tag{5}$$

当 $|h|<b$ 时,(5)为双曲线,实轴平行于 x 轴,虚轴平行于 z 轴,顶点为 $\left(\pm a\sqrt{1-\dfrac{h^2}{b^2}},h,0\right)$,如图 3a 所示;当 $|h|>b$ 时,(5)仍为双曲线,但实轴平行于 z 轴,虚轴平行于 x 轴,顶点为 $\left(0,h,\pm c\sqrt{\dfrac{h^2}{b^2}-1}\right)$,如图 3b 所示;当 $|h|=b$ 时,(5)为两条相交的直线,其交点为 $(0,b,0)$,如图 3c 所示。

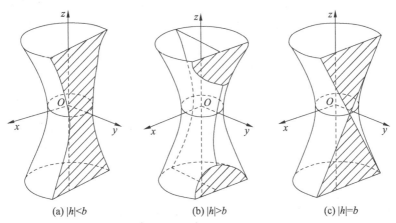

(a) $|h|<b$　　　　　(b) $|h|>b$　　　　　(c) $|h|=b$

图 3　平面 $z=h$ 截割单叶双曲面得到的图形

② 单叶双曲面、截痕法。

育人元素融入路径:a. 与实际生活相联系。中国第一高塔——广州塔(图 4)的形状为单叶双曲面,它是全球腰身最细、施

工难度最大的建筑,获得国家级建筑设计金奖、中国建设工程鲁班奖、中国建筑工程钢结构金奖等,表明中国的建筑工程技术已居国际先进水平。b. 单叶双曲面的形成过程。单叶双曲面(3)可看作是由一个椭圆的变动(大小、位置都改变)而产生的,该椭圆在变动过程中,保持所在平面与 xOy 面平行,且两对顶点分别在两定双曲线上滑动。c. 截痕法与建筑结构的钢架相联系。加深学生对该

图4 广州塔

方法的理解和记忆,注意到钢结构中的每一根钢条都是直线,引导学生思考单叶双曲面是否可由一族直线构成,从而引申出单叶双曲面是直纹曲面这一重要特征。d. 单叶双曲面的特殊情况。当 $a=b$ 时,单叶双曲面为单叶旋转双曲面。

达成目标:通过理论知识的讲授,使学生掌握单叶双曲面及其标准方程。与实际案例相联系,让学生了解单叶双曲面良好的结构特性,提升学生的实践能力和创新能力,增强民族自豪感。通过演示截痕法了解曲面形状的应用,揭示量变和质变的辩证关系,培养学生的辩证唯物主义观点。利用单叶双曲面与单叶旋转双曲面的关系,揭示特殊和一般的关系。

评价体系:综上所述,对单叶双曲面的讲授也可以通过建立多位一体的评价体系,如对单叶双曲面方程与图形的掌握、对单叶双曲面的实践意义的掌握、对截痕法的掌握、对学生的价值塑造的作用等,最后对课程育人效果进行评价。

3. 结语

课程育人实质上是新时代背景下的一种新的课程观念。随着高校课程育人改革的不断深入,相应的评价体系也在不断完善,这也对课程育人效果的评价体系提出了更高的要求。因此,实践中要以科学的思想为指导、根据学生的个体差异和不同的评价目标,制定科学的评价体系,对课程育人效果进行合理的评价,促进课程

育人朝着正确的方向发展。

参考文献

［1］张瑞,覃千钟.课程思政教学评价:内涵、阻力及化解［J］.教育理论与实践,2021,41（36）:49-52.

［2］吕林根,许子道.解析几何［M］.5 版.北京:高等教育出版社,2019.

"互联网+"和翻转课堂教学模式下对解析几何课程育人的探索

近年来,翻转课堂引起了高校教师和学界的广泛关注,并对课程育人的教学起到了积极的推动作用。本文旨在探讨"互联网+"和翻转课堂教学模式下解析几何课程育人的实施路径,以此提升解析几何课程育人的有效性。因此,本文以解析几何中的相关知识点为案例,结合空间直线和平面方程,挖掘解析几何课程中的课程育人元素,并寻找解析几何课程与育人元素整合的切入点,进而实现课程育人和价值引领的重要目标。

1. 引言

党的十八大首次明确提出,将立德树人作为我国教育的根本任务。在此基础上,党的十九大进一步指出,落实立德树人根本任务是对我国教育发展提出的具体要求。由于高校旨在培养社会发展、国家存续、知识积累、文化传承、制度运行等领域所需的一流人才,因此高等教育肩负多重使命,不仅要提升学生的专业知识水平和能力,更要在思想和精神层面上对他们进行科学引领。为了实现知识目标、能力目标和教育目标的统一,课程育人已成为普通高等学校教育教学改革的重要工作之一。作为数学专业的一门必修课,解析几何是培养学生数学思维的一门基础学科,其与课程育人在课程教学目标上具有较高的契合度。同时,解析几何兼具几何的直观性与代数的逻辑性,这为高校实施课程育人奠定了一定的基础。

科学技术日新月异,互联网技术和多媒体平台也已经渗透教育教学改革与实践的诸多领域。"互联网+"教学模式在高校教育教学改革中的重要作用日益凸显,为课程和课堂教学模式的改革提供了基础和保障。慕课、云班课、雨课堂等网络平台的出现,改变了传统教学课堂对时间和空间的要求,也促进了"互联网+"教学模式的改革和发展。翻转课堂是微视频与传统课堂相结合的一种新型教学模式。教师通过设计教学环节,调整教学进度,以学生为主体开展教学活动,让学生成为课堂的中心。学生在课前通过互联网平台进行自主学习,在教师的指导下学习知识,讨论分析教学内容,最后总结知识完成教学内容。翻转课堂为课程育人提供了更多的方式、方法、技术和工具,保障了课程育人在解析几何教学过程中的实施,具有较强的可行性。

2. 解析几何开展课程育人的必要性

在解析几何教学过程中,充分挖掘教学内容中蕴含的育人元素,对指导学生运用唯物辩证法思考和解决实际问题具有积极的指导作用。此外,"解析几何"课程与"代数""分析"类课程关系紧密。教师通过整合融通相关课程知识,展示课程之间互为所用、辩证统一的关系,辅助解决实际问题。这一做法有助于提高学生的学习兴趣,激发其学习的内在动力。就我国社会主义建设与改革实践而言,通过分析解析几何在经济、社会和生活中的应用,还可以帮助学生树立正确的世界观、人生观和价值观。根据教育部课程育人相关文件精神,全国各高等院校所有课程在教学过程中必须切实开展课程育人研究与实践。各高校相关部门也积极响应,相继出台了一系列引导和支持政策,鼓励各学科进行课程育人建设。解析几何课程的每个章节都蕴含着丰富的育人元素,需要教师深度挖掘和提炼,并与教学内容相融合设计教学活动。

3. 解析几何的课程育人目标

为贯彻全国高校思想政治工作会议精神,更好地发挥解析几何教学的课程育人作用,需要立足课程和教材内容,深入挖掘课程育人元素,在传播专业知识、夯实学生专业技能的同时,切实提升学生的综合素养。本文认为,解析几何的课程育人目标大致有三个内涵:一是将课程育人元素有机地融入课堂实际教学,引导学生树立坚定的理想信念,帮助其形成正确的政治立场和信念,培养学生的主人翁意识和责任感,不断提升个人修养,为未来的教育教学工作打下坚实的基础。二是通过鲜活的案例教学,不断提高学生明辨是非的能力,让他们在学习文化知识的同时,深刻感受中国特色社会主义制度的优越性,引导其积极投身祖国的教育事业,未来成为优秀的教育工作者。三是实现课程育人与从业教育的协调发展,教学目标体现了知识目标、能力目标和教育目标的三位一体,通过在课程中巧妙地设计和引入育人案例,加强学生对专业的理解,增强对专业的认同感,不断提高自身的知识素养和教书育人的能力,为社会主义建设事业培养更多优秀的接班人。

4. "互联网+"和翻转课堂教学模式下解析几何课程育人的探讨

1) 育人元素的挖掘

"几何"这个术语具有悠久的历史,在我国由明代科学家徐光启率先使用。我国古代劳动人民在长期的生产和生活中,在几何探索方面积累了丰富的实践经验,并对其加以抽象、概括和提升,在很多方面甚至达到了世界领先水平。因此,在阐述解析几何发展史和阶段特征时,介绍我国历史上和当代伟大的数学成就,不仅可以增强学生对几何课程和专业学习的认同感,而且有助于激发学生的爱国情怀和民族自豪感。例如,两千多年前我国的墨子给出了"圆"的定义,即"圆,一中同长也"。虽然其基本思想与希腊数学家欧几里得相关提法大体一致,但前者提出的时间要比后者早百余年。又如,公元一世纪左右,我国数学家刘徽就在《九章算术》中较为系统地总结了古代几何学知识,述及勾股定理和应用,以及对平面图形面积和立体图形体积的计算。在教学中有机融入上述背景知识,有助于激发学生的爱国情怀和坚定学生的文化自信。本文根据解析几何课程的特点,结合"空间平面方程"和"空间直线方程",寻找其与育人元素融合的切入点,具体总结如表 1 所示。

表1 育人元素的挖掘与课程育人切入点

相关知识点	育人元素	课程育人切入点
空间直线方程	训练学生良好的数学思维及认识世界的科学方法；辩证唯物主义观、科学人文素养、良好的个性品质；认识事物的两面性及其相互统一性	空间直线作为两个平面的交线,可以用两个代数方程所组成的方程组来表示,并以此训练学生的数学思维及科学认识世界的方法；人生要像直线一样积极前进,世界在不断发展,人要向前看；直线方程有一般式、点向式、参数式等不同形式,教师通过展示不同形式方程之间的相互转化,可以使学生认识到同一个事物有不同的表现形式,同时它们之间又是相互统一的
空间平面方程	辩证唯物主义思想、正确的世界观和人生观；创新思维能力和解题能力	平面的夹角如人生中可能遇到的问题,无论处于上坡还是下坡,我们都要积极面对；"空间平面方程"课程中,很多题目可以一题多解,在练习中增加一题多解的内容,可以丰富学生的知识结构,提升学生的思维灵活性,激发学生的探索精神

2）课程育人的教学设计

合理的教学设计可以更好地达成教学目标,要围绕教学目标设计教学过程。基于课程育人的解析几何教学过程,应凸显学生的主体地位,培养学生的认知、情感、价值观等。本文在挖掘育人元素的基础上,以"空间直线方程"和"空间平面方程"为例进行教学设计。

（1）空间直线方程。

课前,教师利用云班课平台发布空间直线方程的相关教学内容。

课堂上,教师根据空间直线的教学视频内容提出一些问题,如空间直线方程有几种形式等。再根据学生的回答情况和反应,递进式地抛出问题,如:如何选择合适的空间直线方程形式,引发学生思考和讨论,这时教师可以将学生随机或者按照某种属性进行分组,小组人数控制在 10 人左右。各小组针对教师提出的问题进行讨论和归纳总结,汇报学习重点、难点以及在学习过程中遇到的困难与解决方法,教师对学生的汇报进行答疑和完善,最后将学习内容深化和升华。对于学生课前不能解决或无法理解,通过讨论仍然无法解决的问题,由教师进行系统讲解并指导学生应该如何分析和解决问题,教师讲授的内容不宜过多,否则学生会产生依赖心理。讲授教学内容时,教师还应结合学生的专业背景,挖掘教学内容与专业结合的案例,教会学生应用数学知识去解决相关专业问题。

课后,教师布置作业,让学生寻找实际生活中与空间直线方程有关的例子,强化所学知识在实际生活中的运用。

(2)空间平面方程。

课前,教师进行空间平面方程相关教学视频的录制或选取,并通过云班课平台发布,让学生按照要求自主学习线上视频内容。其中视频内容的录制要根据教学目标划分为两个模块:一是低阶的要求,即平面方程的相关知识讲解。二是解平面方程的题目时选取哪种方程及应用哪些平面方程知识,解题技巧的训练及其所蕴含的育人元素等。视频时间不宜过长,应控制在 15 分钟左右。同时,在云班课平台上发布一些蕴含数学史、数学文化、数学哲学等育人元素的阅读资料,拓宽学生的知识面,激发学生的学习兴趣,促进学生自主学习。

课堂上,教师带领学生回顾视频内容,进行知识点梳理。课堂测试是检验学生学习效果的有效手段之一,主要包括两部分内容:一是考核上节课讲授的重点内容和方法技巧;二是考核学生课前自学的教学视频的内容。课堂测试主要考查学生自主学习的效果,教师云班课平台发布的测试内容多以选择题和填空题为主,要求学生现场解答,并将答案上传至云班课学习平台。云班课平台测试不仅可以节约时间,而且可以及时地得到测试结果,有效地反馈学生的学习情况。教师可根据测试结果,调整课堂节奏。对解析几何初学者来说,自学往往浮于表面,学生通常会出现理解的偏差或误区。知识回顾和课堂测试则能使教师及时、准确地掌握学生的学习动态,及时纠错。

课后,教师通过布置一些针对性的作业,如利用平面方程解决实际问题,进一步拓宽学生的知识范围和视野。

5. 结语

高校在解析几何教学中,要把课程育人与专业知识教学相结合,明确几何课程的教学目标,在知识教学和能力培养的过程中帮助学生树立社会主义核心价值观,弘扬爱国、爱党、爱社会主义的正能量。解析几何教学大纲应整合知识目标、能力目标和育人目标,增加课程育人元素的融合点,明确教学方法和教学途径,注重德育与专业知识教育的有机结合。教师应根据学科发展和实际应用的需要,将德育贯穿教学始终,不断优化教学内容、教学方法和教学手段,提高解析几何课程育人效果。

参考文献

[1]彭宇文.一流人才培养必须回归常识[J].成才之路,2019(29):1.

[2]王丹萍,李野默,孔闪闪,等."互联网+"背景下的数学建模课程教学改革探讨[J].华北理工大学学报(社会科学版),2019,19(3):97-100.

[3]周旭,刘立伟,白斌."互联网+"背景下高等数学翻转课堂的构建与实施[J].华北理工大学学报(社会科学版),2022,22(3):104-108,120.

[4]李薇,刘海涛,袁昊劼.高等数学翻转课堂教学模式的设计与实践[J].高教学刊,2021(8):109-112.

解析几何课程育人的教学设计与实施策略

　　解析几何课程是高等院校数学类课程对新生开设的一门重要的专业基础课程,在提升学生空间想象能力、实践操作能力、应用创新能力等方面具有重要作用。本文以空间解析几何课程育人建设为例,多方面、多角度探索课程中的育人元素、课程育人的教学设计以及对课程育人效果的评价,旨在将育人元素有机融入解析几何的教学过程,达到专业知识讲授与育人同向同行、协同育人的效果。

1. 引言

　　为全面贯彻习近平总书记关于立德树人的指导思想,各高校积极推进高等教育教学改革,强化专任教师在立德树人中的责任,切实推进专业课程的育人实践。按照解析几何的大纲要求,在讲授基础理论和基本方法的基础上,结合课程育人的相关理论,深入挖掘解析几何课程中的育人元素、探索课程内容与育人元素融合的路径、发挥课程育人的功能,用实际行动回答"培养什么样的人、怎样培养人、为谁培养人"的问题。

2. 教学目标的设计

　　解析几何课程建立在向量代数、空间直角坐标系及平面几何、立体几何的基础之上,兼具逻辑、代数和几何的特点,有助于提升学生的实践能力、创新能力及解决实际问题的能力。设计教学目标时,可以从基本知识与基本理论、课程育人两个层面进行。

　　在基本知识与基本理论层面,学生应系统掌握解析几何课程的基本理论和基本方法,具备基本的空间想象能力;能够利用本课程的基本理论和基本方法解决相关问题,包括相关学科的问题、生活中的问题等,具备解决较复杂的问题的能力。

在课程育人层面,通过介绍几何学发展史,培养学生孜孜不倦的务实精神和勇于创新的探索精神,帮助学生树立辩证唯物主义世界观。通过介绍中国数学家的相关事迹,坚定学生的民族自信心,激发学生的民族自豪感,坚定学生为中华民族的伟大复兴而奋斗的决心。通过将解析几何课程内容与生活中的实际案例相联系,培养学生学以致用的观念,提升学生运用所学知识解决实际问题的能力。

3. 课程育人教学方案的设计

解析几何是一门应用代数方法研究平面与空间直线、常见曲面等几何对象的基本性质的数学基础课程,是高等院校数学专业的必修基础课程,是学习数学分析、高等代数、大学物理等课程的基础。本文通过研究课程的内容结构和课程特点,确定如下课程育人教学方案。

1) 重视对基本概念和数学文化的讲解

解析几何的大部分基本概念与知名数学家有关,如空间直角坐标系的创始人笛卡儿、最先使用有向线段表示向量的英国数学家牛顿、希腊数学家欧几里得及其著作《几何原本》、挪威测量学家威塞尔首次利用具有几何意义的复数运算来定义向量的运算、英国的居伯斯和海维塞德引进了向量的数量积和向量积等。通过深入挖掘与概念相关的数学史可以发现,几乎每一个概念的历史都与一位或几位数学家相关,授课时可以以解析几何的概念为主线,介绍数学家们在几何学的发展中做出的贡献以及他们的成长历程,激发学生学习几何的兴趣,培养学生勇于奋斗、孜孜不倦的创新精神及辩证唯物主义世界观。教师借助数学文化的讲解使学生更好地掌握概念的本质,提升学生看问题的高度。

2) 注重理论体系的衔接性和整体性

作为数学的主要分支之一,解析几何具有很强的逻辑性,其中各知识点之间密切联系,融会贯通。解析几何的基本工具是向量,基本方法是坐标法,基本思想是用代数的方法研究几何问题,这是解析几何的主线。围绕这一主线研究空间几何图形,如空间直线和平面及其方程和性质,常见的二次曲面的方程、图形及其性质,基于直角坐标变换的二次曲线方程的化简与分类,基于直角坐标变换的二次曲面方程的化简与分类等。在掌握基础理论的基础上,讲解空间几何图形在生活实践中的应用及如何运用其解决实际问题。通过教学,培养学生自主学习的能力和反思研究的能力,提升学生的实践能力和创新能力。

3) 采用案例教学法

由于不同的知识点可能蕴含着不同的育人元素,因此在解析几何课程育人教学中采取案例教学法通常更具有针对性。在介绍椭球面的方程时,教师提出问题:当 $a=b=c$ 时,$\dfrac{x^2}{a^2}+\dfrac{y^2}{b^2}+\dfrac{2^2}{c^2}=1$ 表示什么曲面?引导学生得出结论:球面是椭球面的特殊情况,椭球面是球面的推广,揭示"特殊与一般"的辩证关系。进一步提示学生:一般情况下,一些数学公式、定理、法则是从特殊案例中归纳总结得到的经过证明的结果,这些结果又被用于解决相关的问题。进而得出"由特殊到一般再由一般到特殊"的认识规律。

4) 引入应用示例

几何来源于生活,应用于生活。在生活实践中有许多空间图形的影子,包括简单的生活用品,以及一些具有影响力的、标志性的建筑。如汽车的反光灯是旋转抛物面,化工厂的冷却塔是单叶旋转抛物面,圆锥对数螺旋天线是圆锥螺旋线,平头螺丝钉是圆柱螺旋线,广州塔的塔身是单叶双曲面,鸟巢是双曲抛物面,"中国天眼"射电望远镜是球面,北京的天坛是圆锥等。这些应用示例都是课程育人的元素。例如,引入代表中国人民智慧和结晶的"中国天眼"射电望远镜,让学生看到祖国的强大和民族的兴旺,从而坚定学生的民族自信心和民族自豪感。

5) 引导学生多角度思考问题

【例1】 已知某一圆柱面的轴为 $\dfrac{x}{1}=\dfrac{y-1}{-2}=\dfrac{z+1}{-2}$,点 $(1,-2,1)$ 在

此圆柱面上,求此圆柱面的方程。

解法 1　因为圆柱面的母线平行于其轴,所以母线的方向为 $v=(1,-2,-2)$,只要再求出圆柱面的准线圆,就可以运用柱面方程的一般求法求出圆柱面的方程。

由于圆柱面是一类特殊的柱面,因此除了求柱面方程的一般方法之外,还有特殊的解法,如可将圆柱面看作动点到轴线等距离的点的轨迹,可得解法 2。

解法 2　利用圆柱面的特征求解。因为轴的方向向量为 $v=(1,-2,-2)$,轴上的定点 $P_0(0,1,-1)$,而圆柱面上有一个已知点 $P_1(1,-2,1)$,所以 $\overrightarrow{P_0P_1}=(1,-3,2)$,因此点 $P_1(1,-2,1)$ 到轴的距离 $d=\dfrac{|\overrightarrow{P_0P_1}\times v|}{|v|}=\dfrac{\sqrt{117}}{3}$。再设 $P(x,y,z)$ 为圆柱面上任一点,则由圆柱面的性质可得 $\dfrac{|\overrightarrow{P_0P}\times v|}{|v|}=\dfrac{\sqrt{117}}{3}$,将坐标代入并化简可得所求圆柱面的方程。

同理,圆锥面方程也有不同的求法。

【例 2】　化简二次曲线方程 $5x^2+4xy+2y^2-24x-12y+18=0$。

解法 1　利用坐标变换。

解法 2　利用主直径。

解法 3　利用不变量。

解析几何课程中的很多问题都有不同的解法,通过一题多解,引导学生从不同的角度看待问题、分析问题和解决问题,提升学生的数学素养,培养学生分析问题、解决问题的能力,充分发挥学生思维的广阔性和创新性。

4. 课程育人教学模式的探索

课程育人不是社会主义核心价值观等概念的直接灌输,而是要求专业教师在深入理解学科育人的价值内涵的基础上,将育人元素隐性地融入教学过程,实现专业课程教学与育人同向同行、协同发展。在对已有的研究成果进行梳理的基础上,本文对解析几何课程育人的教学模式进行了探索,主要包括以下三点。

1) 构建"以学生为主体、教师为主导"的教学模式

传统的理工科专业教学大多以知识传授为主,往往忽视了学生的主体地位,出现了教师唱"独角戏"而学生被动接受知识的局面,很难实现教学相长,严重影响了教学效果。2018 年 9 月,教育部、工业和信息化部、中国工程院联合发布了《关于加快建设发展新工科 实施卓越工程师教育培养计划 2.0 的意见》,提出在新工科背景下要强调"理工结合、工工交叉、工文渗透",即开展课程育人。为了提升专业课程的育人效果,教师既要在坚定理想信念、厚植爱国主义情怀、加强品德修养、增长知识见识、培养奋斗精神、增强综合素质等方面下功夫,也要注重学生的主体地位,还要努力发挥教师的主导作用。在进行教学设计和选择教学手段时要充分考虑教学主体的具体情况,尽可能调动学生的学习积极性,让学生真正参与到教学中来,从"要我学"转变为"我要学",从而确保教学的实效性。

2) 创新育人元素引入的新形式

将育人元素引入专业课堂,如果采取强行灌输的模式,不仅会引起学生的反感,而且会打乱专业课程知识之间的逻辑性,既占用教学时间,又达不到育人的效果。因此,要创新专业教学过程育人元素的融入模式,充分利用信息化教学手段,选择合适的教学内容,找到合理的切入点,实现课程育人与知识传授的有机统一。

在讲授曲线的轨迹与方程时,教师可以借助多媒体展示轨迹的形成过程,引导学生思考质点运动过程中数形结合与运动、集合之间的关系,揭示其中蕴含的"动"与"静"的辩证关系,培养学生用运动的观点分析问题、解决问题以及在运动变化中寻求规律的能力。在讲授旋转曲面时,可通过分析母线和准线的作用,对学生进行价值塑造。引导学生要想成为优秀的社会主义事业的建设者和接班人,不仅要不断提升自身的修养和素质,而且心中要有坚定的信念。

3）采用"四融"渗透的育人模式

当今时代，"互联网+"技术的广泛应用使得广大高校教师可以随时随地运用各类移动教育终端多渠道获取教育资源，利用 QQ、微信、云班课、雨课堂等移动 App 与课堂教学无缝连接，做到课程育人进课堂的四融：思想融入、行动融合、方式融通、资源融汇，即采取线上线下相结合的教学模式，充分利用线上线下的资源，将育人元素融入专业知识的讲授过程。

教师利用云班课、雨课堂等教学平台提前发布任务，让学生查阅资料、进行预习，自主发现课程中蕴含的人生哲理、辩证唯物主义等观点。线下课堂中，教师以问题为导向，以板书和 PPT 讲授为主，通过多媒体片段的形式导入育人元素，并借助数学软件将空间图形展示给学生，一方面给学生以直观的感受，另一方面提升学生的实践能力。

5. 对课程育人教学效果的评价

实施课程育人的终极目标是立德树人，学生是最终受益者，因此课程育人教学效果的评价应围绕学生展开，及时调整教学方案和教学手段，从学生评价和评价学生两个方面制定解析几何课程育人评价体系。

1）学生评价

对课程育人教学效果的评价，旨在考查其是否实现对学生价值观的引领和塑造。为此，教师与学生之间应建立常态化的反馈渠道。借助反馈渠道，教师可以及时了解教学情况并根据情况对教学方案、教学方法、教学手段等进行调整，从而满足教学需求；还可以通过雨课堂、云班课等教学平台发布调查问卷，了解学生对课程育人教学效果的看法，问卷内容应涉及课程育人的主要方面。例如，对于空间直角坐标系，问题可设为：授课内容是否涉及空间直角坐标系的发展史及中国博大精深的文化——阴阳八卦；对于轨迹与方程，问题可设为：授课内容是否涉及数学思维和科学的世界观；对于平面与直线，问题可设为：授课内容是否涉及事物之间相互统一的唯物辩证观；对于二次曲面，问题可设为：授课内容是否涉及看待事物要抓住其本质特征;对于二次曲线的一般理论,问题可设为:授课内容是否传递了数学的价值在于用简单的形式描述客观世界。在教学过程中,除完成教材知识体系的讲授以外,还可以通过相关新闻事件、先进人物事迹的分享,隐性地教会学生做人和做事的道理。还可以设置针对全课程的题目,如:"在该课程的学习中,育人元素是有机地融入教学中的还是生硬地插入教学内容中的""通过该课程的学习,除专业知识外,你在专业认知、核心价值观、社会责任感等方面是否有获得感"等。

2)评价学生

作为教学过程的重要环节,评价学生是考查学生能力和学习效果的重要途径。对于解析几何这一专业基础课程,传统考试方式包括平时作业、期中考试、期末考试(占比为70%~80%)三部分,属于终结性考试,具有形式化和突击性的特征,会诱发学生的突击式学习、考试抄袭等不良行为。因此,这种考试方式具有片面性,有时难以客观地对学生进行评价。

近年来,过程性考试逐渐被高校教育工作者接纳和采用。灵活的过程性考试方式既可以对学生的学习进行有效监督,又可以调动学生学习的主动性和积极性,增强了考试的客观性,改进与完善了传统的考试方式,将教学效果评价与学生学习的成效评价贯穿教学全过程。教师可以根据教学大纲布置一些开放性作业和试题,如了解空间直角坐标系的发展史、单叶双曲面在实践中的应用(广州塔)、球面的应用("中国天眼"射电望远镜)等,通过这些作业的完成情况,考查学生收集、提取、归纳和应用知识的能力,培养学生自主探索的精神,激发学生的民族自豪感。在讲授空间直线方程时,教师可以布置一题多解的练习题,让学生分组展开讨论,从不同的角度分析问题,得到不同的解法,并对所有方法进行比较,选择最优解法。教师在考查学生对知识的掌握情况的同时,还可以考查学生的协作能力、综合运用所学知识解决实际问题的能力及创新能力。

6. 结语

为了适应新时代中国特色社会主义现代化强国建设发展和高等教育教学改革的需要,习近平总书记在全国高校思想政治工作会议上强调,各专业教师要把知识传授与课程育人结合起来,"守好一段渠、种好责任田"。课程育人不是简单的"课程+育人",而是将育人元素有机地融入专业知识的讲授过程,是对育人观、教学观和课程观的改革。

数学教师在解析几何的授课过程中要做到以下几点:首先,要以解析几何知识为载体,围绕教学目标,通过数学史的介绍、知识的运用、与生活实践的联系等渠道深入挖掘隐藏在知识背后的家国情怀、辩证唯物主义世界观、勇于探索的科学精神等育人元素;其次,要找准育人元素的融入点,通过教学设计将育人元素有机地融入教学过程;最后,借助评价体系对课程育人的教学效果进行评价,从而更加有效地发挥空间解析几何课程育人的功能,为学生的后续学习和工作奠定基础。

参考文献

[1] 习近平主持召开学校思想政治理论课教师座谈会强调:用新时代中国特色社会主义思想铸魂育人 贯彻党的教育方针落实立德树人根本任务[EB/OL]. (2019-03-18)[2022-04-22]. www. cac. gov. cn/2019-03/18/c_1124250392. htm.

[2] 吕林根,许子道. 解析几何[M]. 5 版. 北京:高等教育出版社,2019.

[3] 教育部,工业和信息化部,中国工程院. 关于加快建设发展新工科实施卓越工程师教育培养计划 2.0 的意见[EB/OL]. (2018-09-17)[2022-04-22]. http://www. gov. cn/zhengce/zhengceku/2018-12/31/content_5443530. htm.

[4] 曹惠超. "三全四融":《商务英语》融入课程思政教学模式的探索与实践[J]. 校园英语,2021(45):39-40.

OBE 理念下空间解析几何课程育人的探讨

新时代高等学校教育教学改革的根本任务是立德树人,而实现立德树人的重要途径是课程育人。全面推进高等学校课程育人建设的关键是在科学的教育教学规律的指导下,深化教学改革内容,发挥课程育人的功能。在 OBE 理念指引下,本文以空间解析几何为例,结合课程特点,深入挖掘专业知识背后隐藏的育人元素,找准育人元素融合的切入点,制定相应的教学方案,促进解析几何课程育人的实施;根据人才培养目标,建立课程育人的评价体系,为相关专业开展课程育人提供指导思想。

1. 引言

党的十九届五中全会提出了"全面贯彻党的教育方针,坚持立德树人,加强师德师风建设,培养德智体美劳全面发展的社会主义建设者和接班人"的总体方向,并强调了"协同育人机制",在"培养什么人、怎样培养人、为谁培养人"这一根本问题上达成了共识。习近平总书记指出,教育的首要问题是培养人才,教育的根本任务是教书育人和立德树人。这一重要论述成为认识和推进"课程育人"的直接引领,新时代高等教育教学改革的目的就是建立高水平的人才培养体系和"三全育人"机制。

成果导向教育(Outcome Based Education,OBE),是一种以学生的学习成果为导向的教育理念,其教学设计和教学设施的最终目标是学生通过教育过程取得学习成果。OBE 强调四个问题:① 想让学生取得什么学习成果? ② 为什么要让学生取得这些学习成果? ③ 如何有效地帮助学生取得这些学习成果? ④ 如何确定学生已经取得了这些学习成果? OBE 的内涵主要包括:强调人人都能成功;强调个性化评定;强调精准熟练;强调绩效责任;强调能力本位。与传统教育相比,成果导向教育强调知识整合而不是知识割裂;是教师主导而不是教师主宰;是合作学习而不是竞争学习;是形成性评价而不是比较性评价;是协同教学而不是孤立教学。

2. OBE 教育理念下解析几何课程育人教学的设计

OBE 教育理念下的人才培养方案应以学生为中心、以成果为导向,由结果入手反向设计教学过程,根据社会发展对人才需求的变化更新教学内容和教学方法。广大教师应在教学中坚持育人的原则,以育人为中心,根据学生的心理特点设计 OBE 教育理念下的人才培养方案,多渠道、多途径挖掘解析几何课程中的育人元素,并将其融入解析几何的教学过程,达到课程育人的目的。

1) 解析几何课程育人总体设计

解析几何课程是高校数学类专业的基础课程,对学生后继课程的学习和以后的工作具有重要的辅助作用。为使解析几何课程达到课程育人的效果,需要系统考虑课程设计,由学校、学院、专业、任课教师和学生等形成一个有机整体,不同级别、不同层次的人员机构各司其职、同向同行同频形成合力,发挥协同效应。在学校、学院层面进行顶层设计,宏观上对课程育人起到导向作用;专业层面在理解和领会学校、学院关于课程育人各项政策的基础上,结合育人目标提出具有专业特色的育人理念,积极推进并组织落实解析几何课程育人;任课教师负责具体执行,学生参与效果评价,最终根据反馈结果发现问题并进行持续改进。

课程育人实施的最终落脚点是教师,教师是全面推进课程育人的关键。要使课程育人取得实效,专业教师就要不断强化自身的育人意识、政治素养并提升育人能力。为此,高校可以成立解析几何专业课程育人建设团队,由专任教师和思想政治理论课程教师围绕专业知识讲授和课程育人分工合作,定期开展课程育人建设活动;挖掘解析几何课程背后与专业相关的数学文化、家国情怀、思维创新、唯物辩证观点等育人元素,根据课程特点给出育人元素与专业知识融合的切入点(图 1),设计育人路径和教学方案,努力将"知识传授、价值引领、能力培养"融为一体,在正确引导学生学好专业课的同时,帮助学生树立正确的世界观、人生观和价值观。

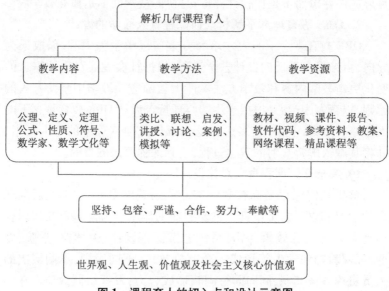

图1　课程育人的切入点和设计示意图

2）解析几何课程育人的教学目标设计

根据 OBE 理念,首先制定解析几何课程育人的目标,包括知识目标、能力目标和价值目标。

知识目标:理解并掌握向量代数、平面与空间直线、空间曲面与曲线、柱面、锥面、旋转曲面与二次曲面、二次曲线等基本理论,加深学生对几何理论与方法的理解和运用,养成用运动变化的观点思考问题的习惯,为后续课程的学习打下良好的基础。

能力目标:培养学生解决问题的能力、逻辑推理的能力、抽象思维的能力和空间想象的能力,提高学生运用代数方法解决几何问题的能力,使其能够运用平行截割法等方法研究空间图形及其性质,能够综合运用向量法、坐标法、数形结合法等解决实际问题,具备解决较复杂问题的能力。

价值目标:① 引导学生树立坚定、正确的理想与信念,不断提升自身的修养水平。② 融入中国数学文化,树立学生的民族自信心,增强学生的民族自豪感,培养其社会主义核心价值观。③ 培养学生辩证唯物主义和历史唯物主义的世界观和方法论。

3)解析几何课程育人的教学内容

根据 OBE 理念,解析几何课程育人的教学目标确定以后,就要围绕目标构建支撑目标实现的、类型丰富的、覆盖全面的育人内容。对于理科的专业课程,要结合专业和课程特点,使学生明确解析几何课程在后续课程的学习和以后的工作中的重要性。由此,从教学过程(教育者素质、教学方法、教学理念)、思想引导(世界观、人生观、价值观)、课程传授(专业知识、专业技能、创新能力)、身心与人格素养的培养(身心健康、人格品质)及促进社会稳定发展(勇于承担社会责任、促进社会和谐)等不同维度梳理解析几何课程中的育人元素,建立课程育人体系。

4)解析几何课程育人的评价体系

课程育人效果的评价包括三个方面:学生、教师及教育行政主管部门。其中,学生是课程育人的实施对象,教师是课程育人的执行者,教育行政主管部门则是顶层设计者。三者相互支撑,不可分割。学生评价有自我评价和同学互评两种方式,自我评价通常采用访谈、问卷调查等方式,而互评可以通过建立评价小组来实现。教师评价主要通过师生互评和教师互评的方式展开,专业教师可以通过学生的课堂获知课程育人的效果。教育行政主管部门可以从课程育人的保障、引导、实施、成效等多个角度对课程育人进行全过程的评价。OBE 理念下解析几何课程育人的评价体系采用定性和定量相结合、过程评价和成果评价相结合、顶层设计和基层实施相结合、主体评价和客体评价相结合的立体化评价机制。

3. OBE 教育理念下解析几何课程育人案例分析

解析几何课程是数学类专业的专业基础课程。通过该课程的学习,学生能够系统、扎实地掌握解析几何课程的基本理论和基本方法,具备基本的空间想象力;能够利用解析几何的基本理论和常用方法(数形结合法、向量法等)解决相关问题,包括相关学科的问题、生活中产生的问题等;具备自主学习与反思研究的能力以及自我管理能力,养成自主学习的习惯;具有一定的创新意识,能够适应时代发展的新要求,提升数学核心素养和教学能力。

该课程从培养具有较高数学素养的人才的角度出发,以传授知识为载体,引导学生勇于创新、勤于思考、坚定爱国主义信念。课程采用线上线下混合式教学的形式,实现知识传授、价值引领、能力培养和人格塑造的统一。在 OBE 理念下,解析几何课程育人以育人效果为导向,贯穿教育的全过程。课程育人的最终目标是立德树人,培养德、智、体、美、劳全面发展的社会主义建设者和接班人。围绕这一目标,解析几何教师在专业讲授过程中要结合课程特点,深入挖掘专业知识背后的育人元素,将价值引领与知识传授融合在一起,并贯穿于教学的主要环节。在具体实施过程中,可以将最终目标进行分解,具体到各个章节,再根据不同章节的知识特点确定分目标,围绕分目标制定具体的育人方案。从知识点出发,确定育人目标,结合数学史、榜样人物事迹、几何与实践的关系等,充分挖掘相应的育人元素。表 1 给出了解析几何课程育人的案例。

表 1　解析几何课程育人的案例

内容	知识点	育人目标	融合方法	案例名称
绪论	中国几何学的成就	民族自豪感	几何学发展史	苏步青先生
空间直角坐标系	中国传统文化	文化自信	空间直角坐标系与中国传统的阴阳、八卦相联系	阴阳八卦
标架与坐标	点(向量)与有序数组的关系	良好思维	建立坐标系	辩证统一
平面与空间直线	平面方程、直线方程	思维的广阔性和创新性	利用一题多解引导学生从不同的角度分析问题	创新思维

内容	知识点	育人目标	融合方法	案例名称
二次曲面	球面；单叶双曲面；双曲抛物面	民族自豪感；技术自信；数学美	"中国天眼"呈球冠形；广州塔呈单叶双曲面状；鸟巢呈双曲抛物面状	"中国天眼"；广州塔；鸟巢
直线方程的点向式和两点式	点向式直线方程；两点式直线方程	价值塑造；拼搏精神	决定直线的两个要素是直线上的一点及直线的方向；决定直线的两个要素是直线上的一点（起点）与另一点（新点）	人生目标；勇于创新
旋转曲面	旋转曲面的形成	价值塑造、四个自信	母线和轴线	丰富自我内涵，坚定四个自信

4. 结语

OBE 理念以学习成果为导向进行教学设计和实施教学目标，而高等院校教育教学改革的根本任务是立德树人，二者结合卓有成效。在 OBE 理念指导下，首先在解析几何课程育人教学目标中明确教育理念与教育思想，深入梳理专业课的教学内容，赋予"立德树人"的内涵。其次，从课程教学知识点出发，确立育人目标，结合数学史、榜样人物事迹、几何与实践的关系等充分挖掘课程中的育人元素，并将其融入课程教学，将课程育人要点与教学内容有机结合，从而达到润物无声的育人效果。

参考文献

[1] 顾明远. 新时代教育发展的指导思想:学习习近平总书记在全国教育大会上的讲话[J]. 北京师范大学学报(社会科学版)，

2019(1):5-9.

[2] 本报评论员. 全力培养社会主义建设者和接班人:论学习贯彻习近平总书记全国教育大会重要讲话[NB/OL]. 人民日报,2018-09-15(004).

[3] 李志义. 解析工程教育专业认证的成果导向理念[J]. 中国高等教育,2014(17):7-10.

[4] 窦新宇,王建龙,王玉娜. 基于OBE理念的课程思政评价体系的构建[J]. 工业技术与职业教育,2022,20(2):65-68.

微课导学模式下解析几何课程育人的教学探究

近年来,微课引起了高校教师和学界的广泛关注,对课程育人起到了积极的推动作用。本文探讨微课导学模式在解析几何课程育人教学中的实施路径,寻找解析几何课程与育人元素整合的切入点,进而实现课程育人和价值引领的重要目标。

1. 引言

2019年3月,习近平总书记在学校思想政治理论课教师座谈会上强调,"要坚持显性教育和隐性教育相统一,挖掘其他课程和教学方式中蕴含的思想政治教育资源,实现全员全程全方位育人。"近年来,课程育人日益成为教育教学改革的热点课题。解析几何是高校理工科的一门基础课程,在其课程建设和改革中有机融入育人元素,对实现"课程育人"理念、引领学生形成正确的价值观、提高学生的思辨能力具有重要的现实意义。

然而,解析几何课程教学仍面临一些实际问题,如课堂理论知识教学脱离日常生产生活实践、灌输式教学导致学生学习兴趣降低等。这些在一定程度上影响高等教育教学质量的提升,最终可能会导致人才培养无法满足社会需求。基于微课导学模式的课程育人教学改革有助于进一步融通理论和实践知识,激发学生的学习兴趣,提高课程建设水平和人才培养质量。本文重点探讨基于微课导学的课程育人教学模式在空间曲面方程知识点中的应用,以期为高校理工科专业课程育人建设与改革提供参考。

2. 微课导学教学模式

微课导学是指根据课程标准要求,学生在课前通过微课自主学习,教师在课堂上进行导学,以此不断提升学生自主学习的能力,并逐步形成个性化的教学模式。随着现代教育信息技术尤其是"互联网+"技术的发展,微课导学教学模式得到了广泛的关注和应用。微课导学教学模式主要以学生为中心和出发点,使学生从被动学习转变为主动学习;在实施过程中贯彻"先学后教、教学结合"的理念,让学生结合微课进行课前自主学习,对问题形成自己的初步理解,课堂上教师与学生一起深入讨论和挖掘知识点。由此可见,教育教学的目的不是仅仅教会学生课本知识,而是要培养学生自主学习和终身学习的能力。在这个过程中,教师需要充分发挥"导"的作用,即引导作用,并根据教学资源设置启发性的问题,帮助学生形成逐级推理、不断深入的抽象思维能力。实践表明,微课导学教学模式有如下优点:一是提高了课堂教学的有效性。微课导学有助于教师压缩在课堂教学中对基础知识点进行铺垫式讲解的时间,进而留出更多时间处理学生在学习中遇到的问题。二是增强了学生独立分析问题的能力。学生在学习时遇到不懂的问题就查阅资料,可以培养他们的实践能力和探索问题的能力;学生之间或与教师进行讨论既能解决问题,又能培养学生的团结协作能力,还能提高学生分析问题、解决问题的综合能力。三是转变了教师的角色。基于微课导学,教师由传统的课程传授者和课堂教学的主体转变为学生学习的辅助者和引路人。四是提高了课前学习效率。微课导学教学模式是视频自学,这种网络视频有助于学生充分利用碎片化时间进行自主学习,对自己的学习进度进行合理安排,将"以学习者为中心"的理念贯穿教学的全过程。

3. 解析几何开展课程育人的必要性

高校在落实立德树人的根本任务时,要把思想政治工作贯穿教育教学全过程。

广大解析几何教师要积极响应号召,紧跟时代步伐,深化课程育人的教学改革。解析几何实施课程育人教学改革,要基于专业内涵、理念和特征,将课程育人贯穿本课程教学的始终,充分发挥课堂主渠道在课程育人工作中的作用,使解析几何课程与思想政治理论课同向同行,协同发挥育人功能。解析几何不仅有助于提升当代大学生的创新意识与分析问题、解决问题的能力,而且其相关理论知识还有助于解决生产生活中的实际问题。

解析几何课程育人内容的挖掘和融入对新时代推进数学类课程改革,提高人才培养质量有着积极的启示意义。其一,通过对相关定理的推导和证明,可以培养学生严谨的逻辑思维和实事求是的作风,有助于塑造新时代学生的"工匠"精神。其二,将生产生活中的实际案例与教材理论知识有机结合,有助于培养学生在日常生活中分析和解决问题的能力。其三,有机融合抽象的数学知识与育人内容,有助于培养学生多学科交叉融合的思想意识。其四,通过结合中华优秀传统文化,如中国数学家的成就和感人事迹,不仅可以调动学生的学习兴趣与积极性,增强其学习的主动性和自信心,还可以厚植爱国情怀,在潜移默化中融入理想信念的精神指引,从而实现学生在知识、技能和思想品德方面的全面发展,进而实现德育和智育目标的同向而行和有机统一。

当然,将育人元素有机融入解析几何课程教学,对任课教师的综合素质提出了更高的要求。教师除了要具备扎实的专业知识外,还应具有敏锐的政治意识,对社会经济发展规律、时事政治热点话题、社会风尚和传统习俗等要有正确的立场和观点,因此教师要不断提高自身的专业修养和思想道德修养。只有切实将思想政治教育工作充分融入日常教学,才能确保在提升学生专业能力的同时,不断提高他们的思想政治水平,为社会主义事业培养合格的建设者和接班人。

4. 微课导学教学模式下解析几何课程育人的探讨

1)育人元素的挖掘

在解析几何教学中结合相关知识点,有机融入育人元素,有助于因材施教、循序渐进,培养学生的家国情怀、创新意识和社会责任感,坚定学生的文化自信等。本文基于解析几何的课程特点,结合空间曲面方程的相关知识,尝试挖掘其中的育人元素及将其融入课程教学的切入点,如表1所示。

表 1　空间曲面方程教学中育人元素的挖掘与课程育人切入点

育人元素	课程育人切入点
培养学生的辩证唯物主义观点和科学人文素养	旋转曲面由母线绕准线旋转一周得到,同一条母线绕不同的准线旋转得到的曲面是不同的; 教学方程 $\dfrac{x^2}{a^2}+\dfrac{y^2}{b^2}=1$ 时,介绍该方程在三维空间是椭圆柱面,在二维空间是椭圆
激发学生深入研究、持续探索的科学精神	教学螺旋面时,介绍生活中常见的旋转形楼梯就是根据螺旋面设计的,让学生切身体会解析几何知识在实际生活中的应用价值; 学习单叶双曲面时,介绍广州塔就是利用单叶双曲面建造的
培养学生的文化自信、民族自尊和自豪感	教学马鞍面时,介绍"鸟巢"顶层采用马鞍形层盖设计,其抗震能力很强; 教学球面方程时,介绍"中国天眼"是目前世界上口径最大的球面射电望远镜

2）微课导学教学模式下课程育人教学设计

合理的教学设计有利于更好地实现教学目标。解析几何课程的教学应充分凸显学生的主体地位,以培养学生的认知、情感、价值观等为宗旨。本文以空间曲面方程为例,从课前自主学习、课堂导学和课后拓展三个维度探讨基于微课导学模式的课程育人教学设计。

第一,课前任务巧设计,提质增效助学习。课前学习任务的设计是实现课堂有效教学的重要前提,课前活动设计的质量高低直接影响学生的预习效果和教师的教学成效。从教师的角度来看,课前活动设计主要由任务目标解析、微课设计与制作、视频在线导学三个部分组成。从学生的角度来看,自主学习活动设计主要包括微课观看、自学检测、难点反馈三个基本环节。学习任务的分析是开展导学活动的起点,教师应充分考虑学生的学习需求,根据曲面方程内容来设计活动及其目标,同时考虑微课制作的主题和内容,形成微课导学的总体方案。高质量的微课是教学得以顺利开展的辅助工具。教师精选曲面方程内容设计微课,将辅助材料形成学习资源包并在课前及时发布,为学生自主学习提供丰富的资源。由于课前自主学习活动主要在课外进行,该过程可能会受到个体自身调控能力、意志力、方式方法的影响,效果也会因人而异。因此,教师有必要对自主学习的内容和流程进行合理的导学规划,如推荐适合线下学习的材料,并围绕曲面方程微课内容设计相应的任务目标和启发性的问题,以此提高学生自主学习的效果。

第二,课堂导学巧翻转,课堂内外齐发力。课堂导学是学生在课堂上进行成果展示、研讨与知识运用的过程,是课前观看有关曲面方程微课视频并完成自主学习任务的延续,是学生理解与深化知识的重要环节。基于微课的课堂导学活动建立在学生课前自主学习难点反馈的基础之上,主要包括微课分析、成果分享、问题探究、分析评价等环节。首先,教师引导学生对曲面方程微课内容进行简要回顾,理清核心概念或定理,达成共识,导入新课。其次,教师组织学生以小组为单位分享交流曲面方程微课学习成果,反馈学习中遇到的疑点和难点。再其次,教师结合各小组反馈情况和课前自主学习规划设置探究性问题,组织学生进行深入讨论,最终解决疑难,实现知识的合理运用。最后,教师结合交流和讨论情况及导学目标,从整体上进行知识提炼与思维提升,切实落实各项教学任务。

第三,课后拓展巧跟进,巩固提升促实效。课后拓展活动设计旨在帮助学生对所学内容进行及时有效的巩固、反思与深化,主要包括学业测评、问题反思、思辨拓展等内容。学生的课后学习包括对曲面方程所学知识点的反思、巩固和提升。教师通过设计针对性的项目,帮助学生复习和巩固课前与课堂上的学习内容,整理学习笔记,梳理、归纳、总结学习要点和脉络。对所学内容有整体理解之后,再通过习题及时评估学习成效。教师还可以通过设计开放性的活动或任务,引导学生结合学习曲面方程内容组建探究式任务小组,搜集文献资料,开展课题式学习。最终,教师结合学生的研究内容,从课题选题、方法指导、过程跟进等方面适时提供研究指引,为学生的个性化学习提供支持,全面提升学生的综合素养。

5. 结语

在解析几何课程中融入育人元素,润物无声地影响学生,不仅有助于加深其对专业知识的理解,而且有助于提升其综合素养。通过基于微课导学的课程育人教学改革,让学生学有所思,学有所用,逐步提高人才培养质量。专任教师要充分利用各种教学资源,在立德树人根本任务的指导下,构建课程育人的教育格局,将思想政治教育贯穿解析几何课程建设与教学的始终,持续强化课程育人的重要功能;结合微课导学和课程育人教育教学改革的需要,科学制订教学计划,完善课前、课中、课后一体化的教学方案,最终实现专业知识教学与立德树人任务的融会贯通。总之,在解析几何课程的课程育人教学中,教师要不断创新教学方式与方法,优化课程评价方式,积极探索育人途径,坚决守好课堂这段渠,种好专业课程育人的责任田,全力培育社会主义事业建设者和接班人。

参考文献

[1] 习近平主持召开学校思想政治理论课教师座谈会强调:用新时代中国特色社会主义思想铸魂育人 贯彻党的教育方针落实立德树人根本任务[EB/OL].(2019-03-18)[2022-04-22]. www. cac. gov. cn/2019-03/18/c_1124250392. htm.

第三部分 结论与展望

1. 结论

纵观整个教育发展史,无论是社会政治体制、经济体制的变革,还是生产、生活方式的重大变化,都会引起教育的重大改革。教育在把握人类自身命运、促进社会发展方面发挥着巨大作用。在当今国与国之间综合国力竞争激烈的时代,教育成为世界各国国力竞争的关键点,谁抢占了这个关键点,谁就占据主动地位,就有可能最终赢得竞争的胜利。

为了迎接新世纪的挑战,世界各国纷纷进行教学改革。中国是现有的教育教学模式也已不能满足社会发展的需要,必须进行改革,实现对培养目标的调整和对人才培养方式的转变,以全面提高国民素质,应对未来的挑战。

在当前教育教学改革的大背景下,笔者结合自己多年的教学经验,在综合分析解析几何课程现有的教育教学模式的基础上,从多个角度分析了实施课程育人的必要性,探讨了平面解析几何和空间解析几何课程育人过程中存在的问题及解决策略。这主要体现在以下几个方面。

1)解析几何教学中课程育人存在的问题

当前解析几何教学主要是以知识传授为主,缺乏与生产生活实践的联系,育人元素挖掘不充分,学生的内在价值激发不足,知识传授与价值塑造脱节,达不到课程育人的效果。同时,部分专业课教师由于育人理论知识储备不够,不能及时更新育人知识结构,从而在课程育人方面比较弱势,直接影响课程育人功能的发挥。

2）解析几何教学中育人元素的挖掘

根据人才培养需求,结合解析几何课程自身的特点和学生的身心特征,通过数学史和名人轶事的导入、解析几何课程与生产生活实践的联系,从数学文化、家国情怀、思维创新、社会责任等不同角度,以及个人成长、家庭和谐、社会稳定等不同层次寻找与所传授知识体系内容相关的育人元素。

3）解析几何教学中育人元素的融合路径

通过分析解析几何课程的特点,以解析几何课程与育人元素融合的切入点为依据进行教学设计,将育人元素有机融入课堂教学,努力将"知识传授、价值引领、能力培养"融为一体,在正确引导学生学好专业课的同时,潜移默化地帮助学生树立正确的世界观、人生观和价值观,实现从把价值引领、能力提升和知识传授同步体现在人才培养方案和教学大纲中到逐步建立"知识传授"和"价值引领"的人才培养体系的融合路径。

4）解析几何教学中课程育人的教学设计

充分利用"互联网+"技术、网络平台和多媒体技术,以课程育人为主线,从教学内容、教学方式、应用示例等方面进行教学设计,将育人元素有机地融入课前、课中、课后等过程,构建以学生为主体、教师为主导的教学模式。

5）解析几何教学中课程育人的评价

从教学过程(教师素质、教学方法、教学理念)、思想引导(世界观、人生观、价值观)、课程传授(专业知识、专业技能、创新能力)、身心及人格素养的培养(身心健康、人格品质)、促进社会稳定发展(勇于承担社会责任、促进社会和谐)等方面多维度、多指标建立课程育人评价体系,对解析几何课程育人的有效性进行评价。

2. 展望

课程育人的成效影响着教育教学改革的成败,关系着我国能否顺利培养社会主义事业的建设者和接班人。课程育人是一个系统化、持续化的工程,不是一朝一夕就可以完成的。本书从多个方面对解析几何课程育人进行了初步的研究和探讨,后续工作将从以下几个方面展开：

（1）深入学习和掌握课程育人教育教学改革的深刻内涵和理论要旨，从更深层次对解析几何课程育人进行探讨。

（2）进一步系统化地研究解析几何课程育人，形成规范的解析几何课程育人理论体系和系统全面的研究框架。

（3）强化解析几何课程育人的实践教学，从整体出发，建立系统全面、行之有效的课程育人体系。

（4）进一步提升教师自身的思想政治理论水平，为课程育人的顺利开展提供更好的前提条件。